MATHEMATICAL & LOGICAL PUZZLES

数学思维训练营

福尔摩斯的终极探案谜题

[法] 皮埃尔·贝洛坎 著
柳银萍 译

上海科技教育出版社

图书在版编目（CIP）数据

福尔摩斯的终极探案谜题/（法）皮埃尔·贝洛坎著；柳银萍译．—上海：上海科技教育出版社，2023.1
（数学思维训练营）
书名原文：The Ultimate Sherlock Holmes Puzzle Book
ISBN 978-7-5428-7707-9

Ⅰ．①福… Ⅱ．①皮… ②柳… Ⅲ．①数学–普及读物 Ⅳ．①01-49

中国版本图书馆CIP数据核字（2022）第151230号

责任编辑 侯慧菊
装帧设计 杨 静

数学思维训练营

福尔摩斯的终极探案谜题

［法］皮埃尔·贝洛坎 著
柳银萍 译

出版发行 上海科技教育出版社有限公司
（上海市闵行区号景路159弄A座8楼 邮政编码201101）
网 址 www.sste.com www.ewen.co
经 销 各地新华书店
印 刷 上海中华商务联合印刷有限公司
开 本 720×1000 1/16
印 张 10.25
版 次 2023年1月第1版
印 次 2023年1月第1次印刷
书 号 ISBN 978-7-5428-7707-9/O·1169
图 字 09-2020-1231
定 价 68.00元

目　录

引 言

Introduction

在本书中，你将在福尔摩斯和他的忠实同伴华生医生的陪伴下，尽情享受这段冒险之旅：跟随线索，在每道题之间穿梭，就像这位著名的侦探在破案时所做的那样！

书中每一章都包含若干道谜题，需要你去解答。在此过程中，福尔摩斯和华生对著名人物、周围环境和不同寻常的事件所做出的反应，都源于6篇经典的福尔摩斯探案故事。为了让读者获得更多的乐趣，部分故事情节重新进行了构思，略有改动，以增强神秘感，并为两位主人公制造出更多的障碍。

这些谜题难易程度不同，将考验你是否具有福尔摩斯式的推理能力。如果你被题目难住了，你可以求助附在书末的答案。

祝你好运！

第1章

王冠宝石案

本故事与其他所有福尔摩斯的冒险故事有一个显著的区别：它不是华生讲的。该冒险故事是用第三人称写的，华生大部分时间都不在。之所以采用这种独特的处理方式，是因为作者柯南·道尔最初把这个故事写成了一部戏剧。这也导致该案件的情节展开全部发生在一个场景中，即贝克街福尔摩斯那不整洁的房间内。事实上，这个故事是以一种怀旧的方式展开的：华生环顾着房间，目睹着熟悉的物品陷入沉思，记忆不断涌上心头……不过行动很快就开始了，当福尔摩斯冒着生命危险破解这个案子时，你可以陪他解决相关的难题。

1

窗内的轮廓

福尔摩斯为了麻痹他的敌人，为自己制作了一尊蜡像，并把它放在窗户前。这尊蜡像给人的假象是他在家里静静地看书，而实际上他正在外地调查。

上图中间轮廓中的每一个小细节都在周围的暗色轮廓中有所体现，但其中只有一个轮廓与中间的轮廓完全一致。

是哪一个？

2

四大名钻

福尔摩斯凝视着4颗著名的“黄色”钻石的复制品，评论道：“西尔维厄斯伯爵本可以把这四大名钻全部偷走，但他是个鉴赏家，他只拿走了王冠宝石，这是迄今为止最珍贵的一颗。”

华生问道：“王冠宝石是哪一颗？在我看来它们都很像……”

福尔摩斯的习惯是从不直截了当地回答问题，他这么说：

“如果1号钻石不是东星，那么2号钻石一定是；

如果2号钻石不是东星，那么4号钻石就不是卡洛夫；

如果3号钻石不是东星，那么2号钻石就是黄皇后；

当然，王冠宝石是四大名钻之一。”

你能说出下面每颗钻石的名称吗？

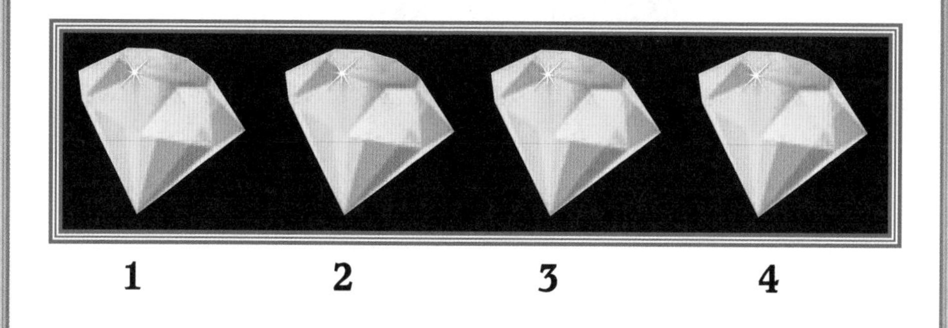

1　　2　　3　　4

3

被盗的珠宝

当然，王冠宝石是西尔维厄斯伯爵偷盗案中最珍贵的物品。不过，小偷同时也把其他一些珠宝装进口袋带走了，所以总价正好是10万英镑！

他们同时偷了下面哪些珠宝？

王冠宝石
£90 000

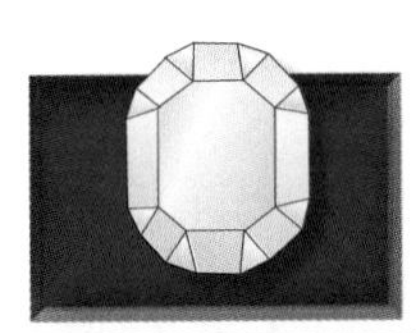

托伦歇尔王子
£5 700

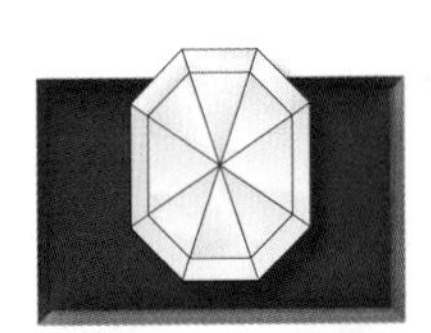

艾尔·迪斯蒂欧
£4 500

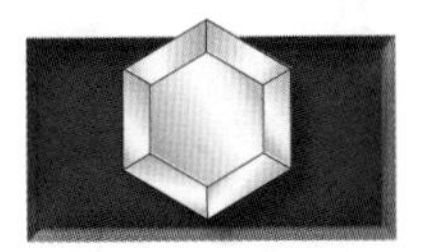

伯雷塞姆
£3 700

斯林斯惠克公爵
£3 200

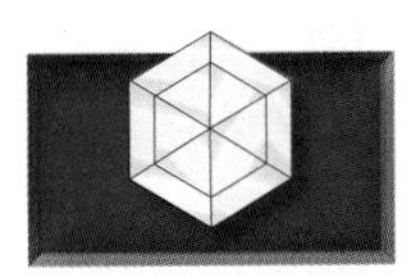

伽特尔宝石
£2 000

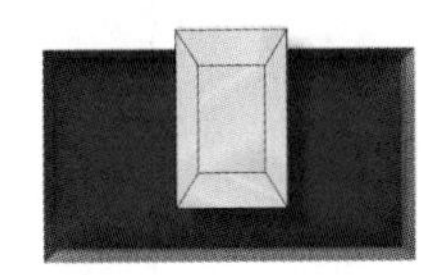

波塞冬
£1 800

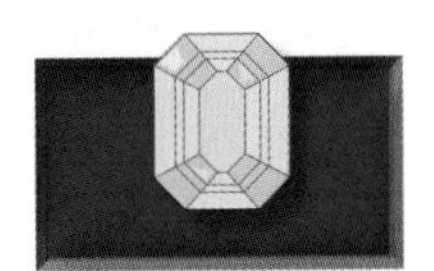

阿伯斯王子
£1 500

4

电子报警器

华生简直不敢相信，像王冠宝石这样珍贵的东西都没有得到有效的保护！

但那是真的！福尔摩斯解释道："这个地方确实配备了最现代化的电子报警器，唯一的问题是它存在一个重大缺陷：在控制室中，主连接器控制着整个系统。小偷把它偷走了，所以所有的保护措施就都失效了。"

小偷偷走了图中的哪一个连接器？把它放置到X中，它应该连接A和A，B和B，等等。

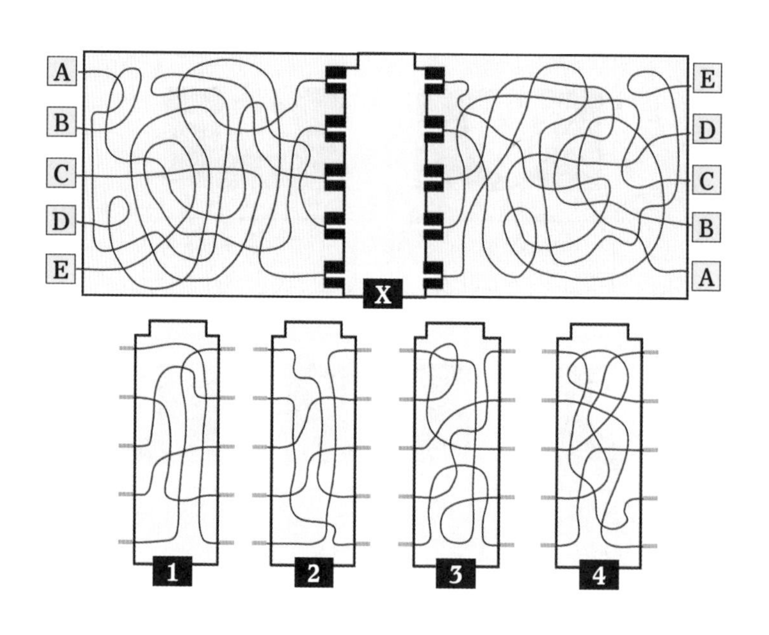

5

谁被跟踪了

在各种伪装下，福尔摩斯一直跟踪着西尔维厄斯伯爵和他的同伙，后者因为忙碌而没有觉察。通过下面的信息，你可以找出福尔摩斯跟踪了谁。

如果是男人，他有一顶帽子；

如果是女人，她手里拿着东西；

如果是有帽子的人，他/她手里有花；

如果这个人手里拿着东西，他/她就没拿手杖；

如果这个人戴着项链或领带，你可以看到他/她的鞋子。

6

三位绅士

他们小心翼翼地来了，试图隐瞒自己的身份。在福尔摩斯进屋之前，他们谈起了这位著名侦探的功绩。这三人分别是首相、内政大臣和坎特莱梅雷勋爵，他们意见不同。

他们分别是谁？对福尔摩斯都有什么看法？

“你认为福尔摩斯会成功的，是吗？”这位绅士说。

“内政大臣不确定福尔摩斯是否会成功。”这位绅士说。

“另一方面，根据首相的说法，你确信他会失败。”这位绅士说。

7

随　从

像西尔维厄斯伯爵这样无耻的骗子也有忠实的随从。他们不是特别聪明的人，但他们的老板也离不开他们。福尔摩斯注意到，最近有一些高高在上的骗子，他们聚在一起，每次都带着自己的随从。

根据以下信息，推导出每个骗子及其随从的名字。

三月份，西尔维厄斯、格雷斯通、彼得罗维奇和杰克沃斯相遇，每人都带了私人随从，即伯特、汉克、埃迪和萨姆。

五月份，达利斯、彼得罗维奇、哈维和西尔维厄斯聚在一起，他们带着汉克、内德、萨姆和伊恩。

六月份，西尔维厄斯、安吉利尼、格雷斯通和达利斯碰面，格斯、伯特、萨姆和内德一起来了。

8

被谋杀

有趣并且最有趣的事情就是看到自己被谋杀。福尔摩斯说："这令人难忘！"没有多少人有这样的机会，但福尔摩斯清楚地看见西尔维厄斯伯爵正准备砸他的脑袋。幸运的是，受害者是他做的诱饵—— 一尊蜡像。最神奇的是，福尔摩斯能把西尔维厄斯伯爵的攻击姿势和其他姿势区分开来。

下面哪个姿势不是成对出现的？

9

街头帮派

像西尔维厄斯伯爵这样优雅的盗贼，往往依靠不那么优雅的街头帮派进行他们的肮脏勾当。福尔摩斯研究了这些帮派团伙，并绘制成下面的图表。每个大圆圈代表一个有2—10位成员的帮派（每个帮派的成员数目都不同）。箭头处的数字显示了两个帮派联合起来时他们的总人数（例如，当东区人帮联合教堂帮后，共有10人）。

请推算出每个帮派各有多少人。

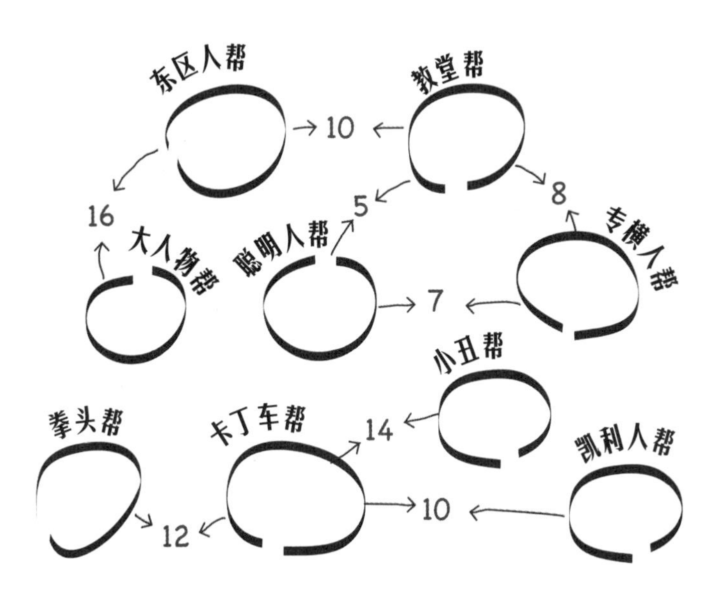

10

破译编码

华生出差前，福尔摩斯匆匆地给了他两条信息。它们由两个地址组成，每个地址对应一条信息。信息非常重要，绝不能落入坏人之手。为了保证安全，福尔摩斯使用一个与华生共享的编码系统，对这些信息进行了编码。

一旦破译，第一条信息是“凶手地址”。那么，第二条信息是什么？

11

称 呼 语

当西尔维厄斯伯爵和福尔摩斯熟悉后，他把这位著名的侦探简单地称为“福尔摩斯”，福尔摩斯立刻斥责他：“西尔维厄斯伯爵，你称呼我的时候，请把我的名字加上。”

后来，华生取笑福尔摩斯的形式主义，并思考起各种各样的称呼。他问福尔摩斯：“下面这些称呼怎么样？”

福尔摩斯回答道：“亲爱的华生，你有没有注意到，在这些称呼中，你去掉其中3个，剩余的仍然涵盖了字母表上的所有26个字母？”

请问：可以去掉哪3个称呼呢？

YOUR LORDSHIP
CITIZEN
THE VERY REVEREND
HIS EXCELLENCY
MY LADY BARONESS
THE CROWN PRINCE
HIS GRACIOUS HIGHNESS
THE RIGHT HONORABLE
THE DUKE OF ...
HER MAJESTY THE QUEEN

12

伞上的小点

福尔摩斯为了证明自己确实是前一天跟踪西尔维厄斯伯爵的人，他拿出了一把伞，那是他的伪装道具之一。

伯爵大发雷霆，称没有时间欣赏这个精巧的东西。事实上，这把伞上的黑白点不是随意排列的，它们遵循一个非常福尔摩斯式的逻辑！

你能发现它们排列的规律吗？另外，伞上的空白区应该有多少个白点和多少个黑点？

13

虚张声势

福尔摩斯把他和西尔维厄斯伯爵的谈话比作一场纸牌游戏，两人都试图用自己手中的牌来智胜对方。通过巧妙地引导对手，福尔摩斯发现了对方手中是什么牌。以同样的方式，你可以找到下图中3组牌相似的地方，这样，即使一张牌的背面朝上，你也可以猜出它是什么牌。

请推导出这张牌的花色和点数。

14

反 义 词

福尔摩斯向华生解释道："西尔维厄斯伯爵害怕上当受骗，他总是不自觉地说与我相反的话。事实上，他的反对已经很系统化，所以要把他带到我希望他去的地方非常容易——只要说反话即可！"

说到反义词，你能找到下面这些词的反义词吗？这些反义词的第一个字母也可以拼出一个单词。

		答案格数
（富有）	Wealth	7
（过时的）	Dated	6
（外面的）	Outside	6
（失败）	Failure	7
（强制性的）	Mandatory	8
（穿衣的）	Clad	5

↓ 首字母拼出的单词：6格

15

刑期

福尔摩斯试图说服西尔维厄斯伯爵交出偷盗的王冠宝石，不然他将面临牢狱之灾。为了证明自己的观点，福尔摩斯详述了伯爵以前所犯的盗窃案及对刑期的影响。

“你从伊莱扎公主那里偷来的头饰，价值比你想象的要低。尽管如此，那1000英镑的小饰物，换来28周零4天的牢狱之灾。

还有玛蒂尔达夫人的项链，估值是1830英镑。为此你获得了1年零1天的监禁。

至于投保了2.3万英镑的著名的拉斐尔的画作，你被判12年30周零6天的监禁。

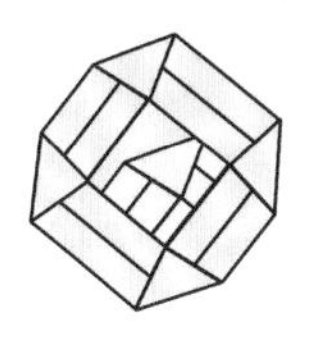

所以，理智点，把宝石交出来。你自己算算，10万英镑的宝石将让你在监狱里待多少年！”

除去不足一年的零头时间，你能告诉西尔维厄斯伯爵，他要为这块宝石获刑多少年吗？

16

享受一会儿音乐

夏洛克·福尔摩斯回到卧室拉小提琴，留下西尔维厄斯伯爵和萨姆·默顿讨论如何处理当前的局面。福尔摩斯决定演奏奥芬巴赫的歌剧《船歌》中令人望而却步的曲目。《船歌》包含的曲目很多，他可以演奏下面任何一位作曲家的曲目。

当下面每位作曲家的名字被填入网格中后，灰色方块中的字母也可以组成一个单词。

提示：

Berlioz 柏辽兹（法国作曲家）
Bizet 比才（法国作曲家）
Brahms 勃拉姆斯（德国作曲家）
Corelli 科雷利（意大利作曲家）
Elgar 埃尔加（英国作曲家）
Glinka 格林卡（俄罗斯作曲家）
Liszt 李斯特（匈牙利作曲家）
Mozart 莫扎特（奥地利作曲家）
Paganini 帕格尼尼（意大利作曲家）
Schubert 舒伯特（奥地利作曲家）
Vivaldi 维瓦尔第（意大利作曲家）
Ysaye 伊萨伊（比利时作曲家）

17

行　动

伦敦警察厅的督察莱斯特雷德曾经轻描淡写地说道："福尔摩斯是一个相当有头脑的家伙。"事实上我们的侦探也可以采取迅速果断的行动，就像这次王冠宝石案中那样。

令福尔摩斯高兴的是，摄影师缪布里奇最近拍下了他的一系列快速动作。以下是他跳远的快照序列。把它们按正确的动作排序，下面的字母也将组成一个单词。

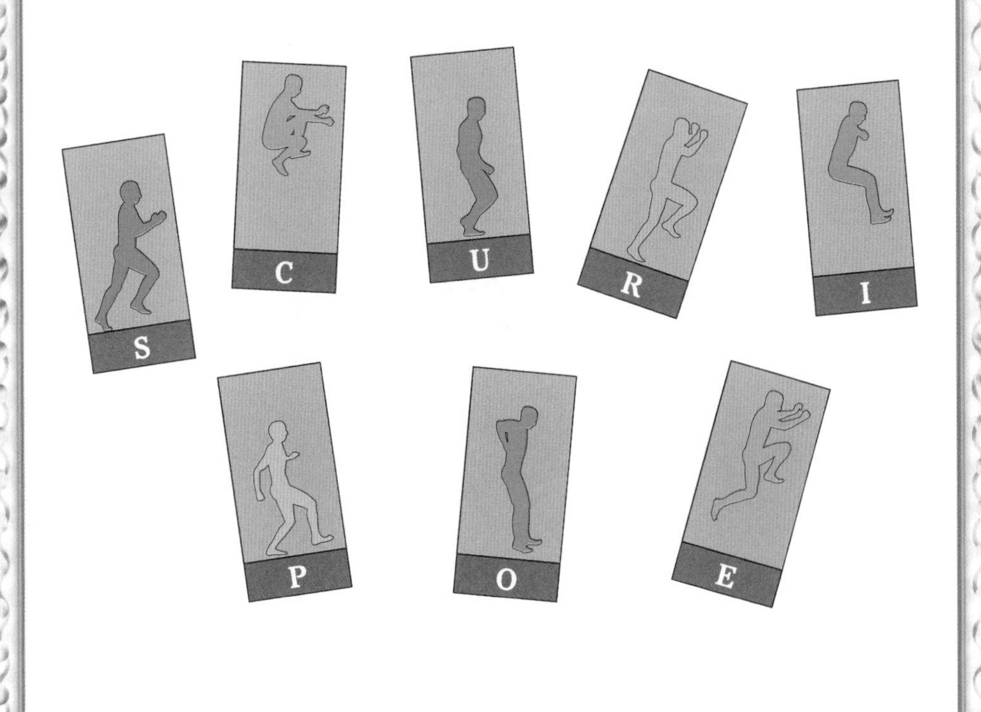

18

珍贵的宝石

福尔摩斯的思维和其他人不太一样。在他破案的那一刻，手握宝石时，你可能会认为他充满了自豪和满足。但他不是这样的，他开始思考宝石切割后的复杂结构……

下图宝石上的数字排列遵循着特定的逻辑关系，请你找出这种关系，并推导出用什么数字代替问号。

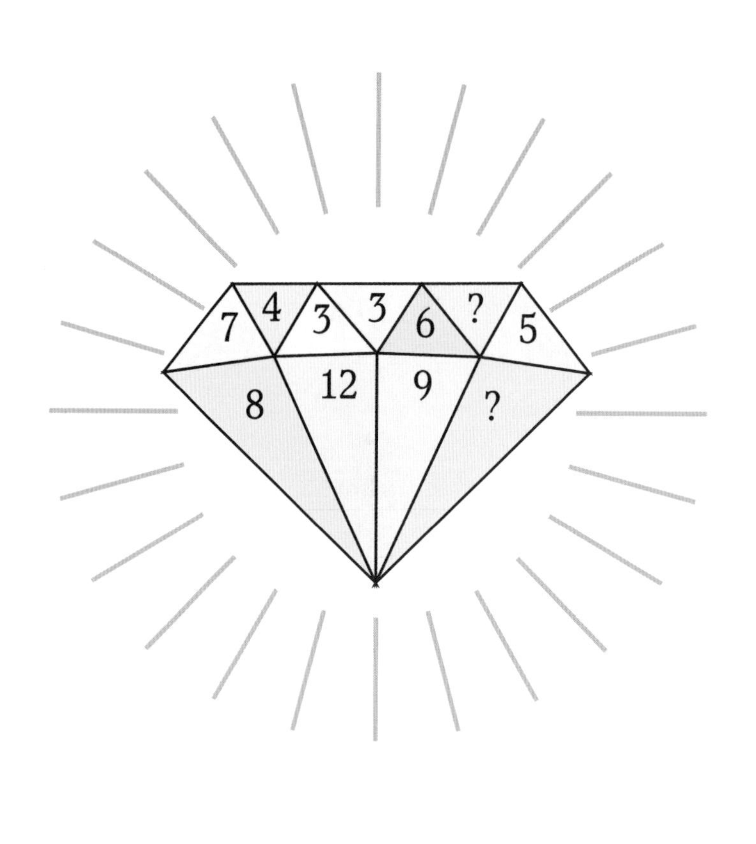

19

逮 捕

福尔摩斯的任务完成了，现在轮到警察上场了。手铐被取出来，希望它们不会像下图中那样乱七八糟。如果你戴上箭头所指的那副手铐，找一找，有多少副手铐与它连接在一起？

20

坏脾气的来访者

坎特莱梅雷勋爵来找福尔摩斯，仅仅是对侦探不可避免的失败大发雷霆。由于警方一直无法追回珍贵的王冠宝石，他认为自封为侦探的福尔摩斯也做不到。但是福尔摩斯对此并不关心。如果勋爵考虑一下桌上那些写着字母的小立方体，他可能会改变主意。

下面的7个立方体一模一样。如果把每个立方体都翻转一下，露出底部，上面的字母就会组成一个单词。你知道是什么单词吗？

我们的这趟冒险结束了！

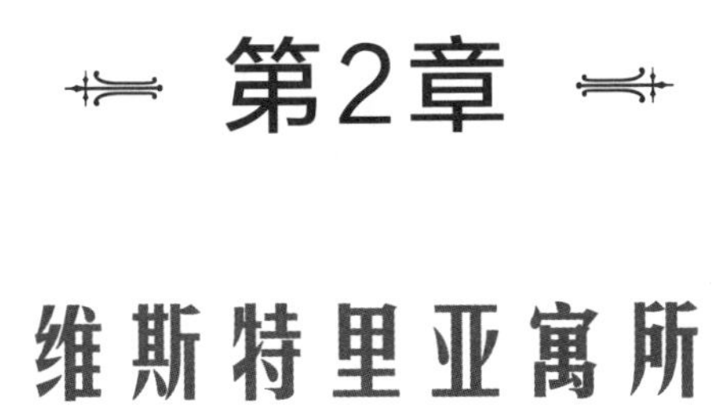

第2章

维斯特里亚寓所

阿尔弗雷德·希区柯克的这句话“反派演得越好，画面感越强”非常适用于《维斯特里亚寓所》里面的人物——圣佩德罗的“老虎”唐·穆里略。他长着一双常陷沉思的黑眼睛、两条浓密的黑眉毛、一张羊皮纸般的脸，是一个臭名远扬的恶棍。这位被罢黜的独裁者将自己的意志无情地强加给他周围的所有人，构成一个非常有影响力的故事。这个恶棍非常坏，但警察也很机智。福尔摩斯经常和既不称职还多疑的警察打交道，不过，他发现贝恩斯探长明显是个例外。这位探长在办案时采取了许多聪明的举措，福尔摩斯对他的直觉赞叹不已。

这是关于一个非常坏的恶棍和一位非常聪明的警察的历险故事，夏洛克·福尔摩斯必须磨砺他的智慧，以解开一连串的谜团。你也必须积极主动地解决这些难题。

1

一封电报

福尔摩斯收到一封电报，这封电报宣告了一个新冒险故事的开始。幸运的是，这封电报的正文比下图中的格式好。在下图的电报中，除了第一个词语外，其余所有词语的顺序都错了。华生可以很容易地找到正确的顺序，因为这是福尔摩斯对许多来访者说过的话。当来访者们试图讲述他们的故事时，由于痛苦和害怕，他们的述说往往是非常混乱的。

你能理顺图中电报上词汇的正确语序吗？

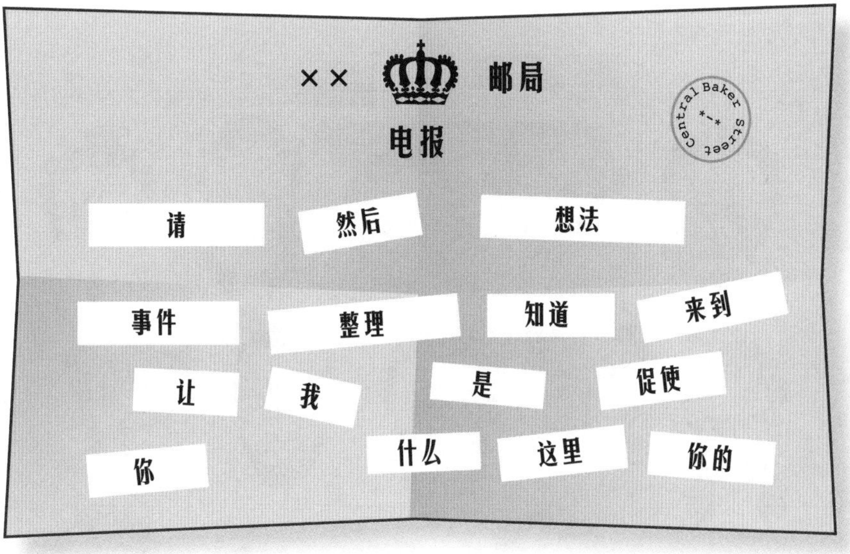

××　邮局

电报

Central Baker Street

请　然后　想法

事件　整理　知道　来到

让　我　是　促使

你　什么　这里　你的

2

平庸的人

福尔摩斯很好奇：加西亚先生是一个和蔼可亲、风趣诙谐的城里人，他怎么会邀请斯科特这样一个平淡无奇的人共度周末呢？很快我们的侦探就明白了，加西亚追求的正是这种平淡。

“看起来就和其他人一样”这句话可以真实地描述斯科特先生。事实上，你可以在以下这些警察合成的面部肖像中认出他，因为他是唯一一个没有明显特征的人。他脸上的每一个部位都可以在另一幅肖像中找到。

哪一个是斯科特先生？

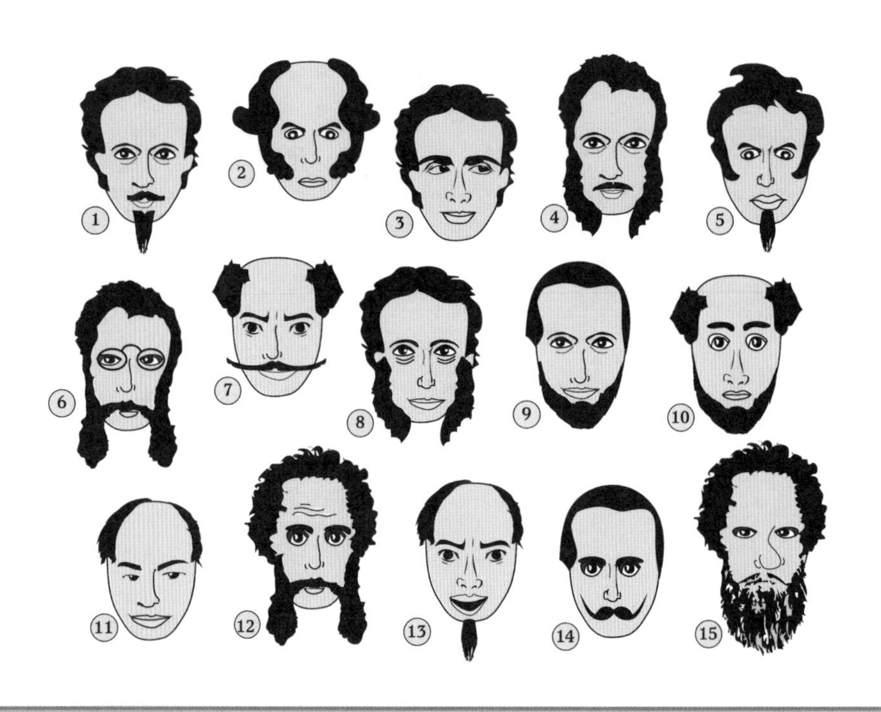

3

福尔摩斯倾听了斯科特先生关于他在维斯特里亚寓所的陈述后评论道:“华生,要确定事件发生的确切时间是相当困难的。”

加西亚什么时候在斯科特休息的客房门口和他打招呼?

晚上,加西亚告诉斯科特,现在是凌晨1:00。

但根据斯科特的手表,这是50分钟前。

第二天早上,斯科特发现他的表比教堂的钟快了15分钟。

但是一位年轻女士告诉他,教堂的钟慢了10分钟。

4

空 房 子

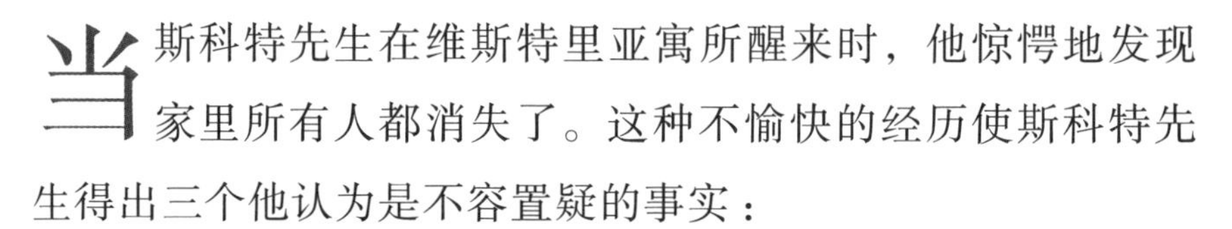

当斯科特先生在维斯特里亚寓所醒来时，他惊愕地发现家里所有人都消失了。这种不愉快的经历使斯科特先生得出三个他认为是不容置疑的事实：

——所有住在维斯特里亚寓所的人在早餐前就消失了；

——所有的外国人都可疑；

——早餐前离开维斯特里亚寓所的人都是外国人。

在这样合理的前提下，斯科特先生又得出以下结论：

1. 所有外国人在早餐前离开；

2. 所有可疑的人都是外国人；

3. 早餐前消失的人都住在维斯特里亚寓所；

4. 住在维斯特里亚寓所的人都是可疑的人。

我们可以不同意斯科特的观点。不过，他上面四个结论中，哪一个是完全基于前述三个事实而得出的？

5

嘲讽的便条

贝恩斯探长给福尔摩斯看一张他刚在维斯特里亚寓所的壁炉里发现的神秘字条。华生确信福尔摩斯能破解字条中的秘密信息，他记得有很多次福尔摩斯都搞懂了最晦涩难懂的文本。

例如，一个臭名在外的银行劫匪在逃离时留了一张便条嘲笑福尔摩斯，好笑的是，劫匪刚踏上他的私人游艇就被福尔摩斯逮住了。

你会像福尔摩斯一样机智吗？他一眼便在便条上找到自己的名字，发现了编码规则。

便条上说了什么？

edgn in op iy hzf enex
gni ed hsh iuo, OHMLSE,
ow iy azy ioa uyna ed
id afgn ixnas gohw ud
ob ey uz iih acl ie.

6

豪 宅

在壁炉栅附近的发现包含了足够多的信息，福尔摩斯据此断定，和案件密切相关的一个约会地点是离维斯特里亚寓所不远的一个大豪宅。查看附近房屋的名录，福尔摩斯发现这些房屋的名称和主人的名字之间有一种对应关系。

福尔摩斯对华生说："这不一定是我们要找的房子，但是你注意到了吗？这些房主和他们的房屋的名称，除了一对以外，其余的都有一个共同点。"

你能找出不同的那一对吗？

Lord Harringby
- Nether Wessling

Douglass Fairford
- Oxshott Towers

Sir Clive Hammersmith
- Old Fatham Hall

Reverend Joshua Steel
- Huffington Manor

Mr. James Baker-Williams
- Ammonite Mansion

Robby McNethers
- Accadian Steps

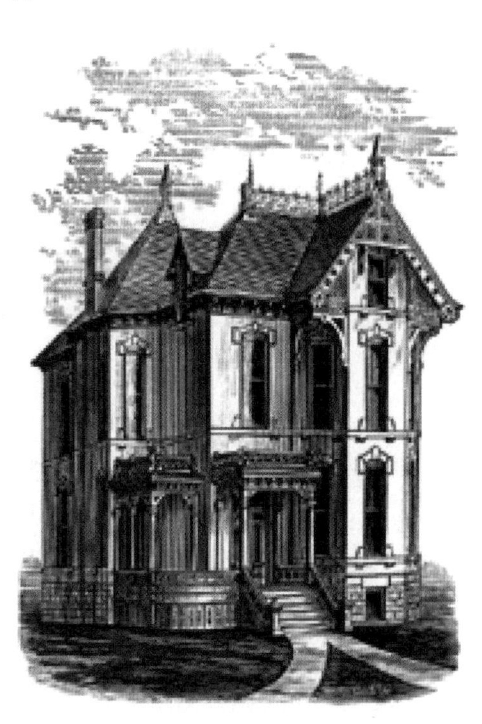

7

窗里的脸

沃尔特斯警官被吓得要命，透过窗户瞪着他的是他能想象到的最可怕的脸。当被要求描述这件事时，他情绪非常不安，没能给出连贯的信息。

在福尔摩斯的仔细询问和华生冷静的现场再现下，一张相对准确的脸被勾勒出来。在下图的窗口中，它是唯一一张出现了两次的脸。

你能找到这两张相同的脸吗？

8

骨　头

贝恩斯探长在发现这堆恐怖的东西后喃喃自语："好吧，好吧，好吧！"接着又说："骨头，骨头，骨头。"好像每件事都要重复三遍才行。原来他刚才摔倒在小心叠放起来的一堆骨头上了。他问福尔摩斯："为什么你认为那块骨头应贴个标签？"

福尔摩斯坦率地回答："不知道。"

他转而问华生："华生，我想知道，在取出有标签的那块骨头之前，有多少骨头必须先移动？"

你怎么考虑？当然，事情必须做得井井有条，不要动别的骨头。

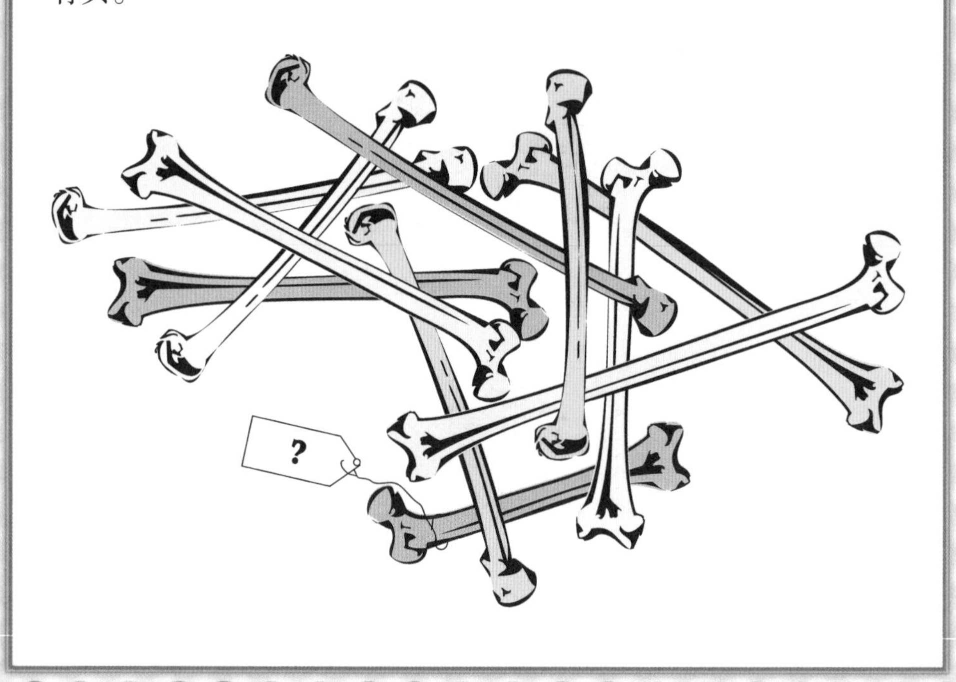

9

账　户

警察继续搜查加西亚的房子，他们在一个废纸篓里发现了一些看起来像被撕毁的账目的碎纸片。把这些碎纸片拼在一起，上面显示的内容似乎是向不同人支付的赃款。

福尔摩斯说：“如果我们能知道行贿给每个人的确切金额，那就太好了。”

把下面的纸条摆放在一起，找出名单上每个人收到的赃款金额。

10

年　龄

福尔摩斯简单地向华生描述住在这座古老城堡里的人:“主人亨德森先生,被亨德森先生的个性深深吸引的助手卢卡斯先生,亨德森的两个女儿伊利莎和格拉迪斯,还有她们的家庭女教师伯恩特小姐。”

华生问:“他们各自的年龄有多大?”华生没有意识到这个提问让自己陷入了困境。下面是福尔摩斯的回答。

请你帮华生弄清楚。

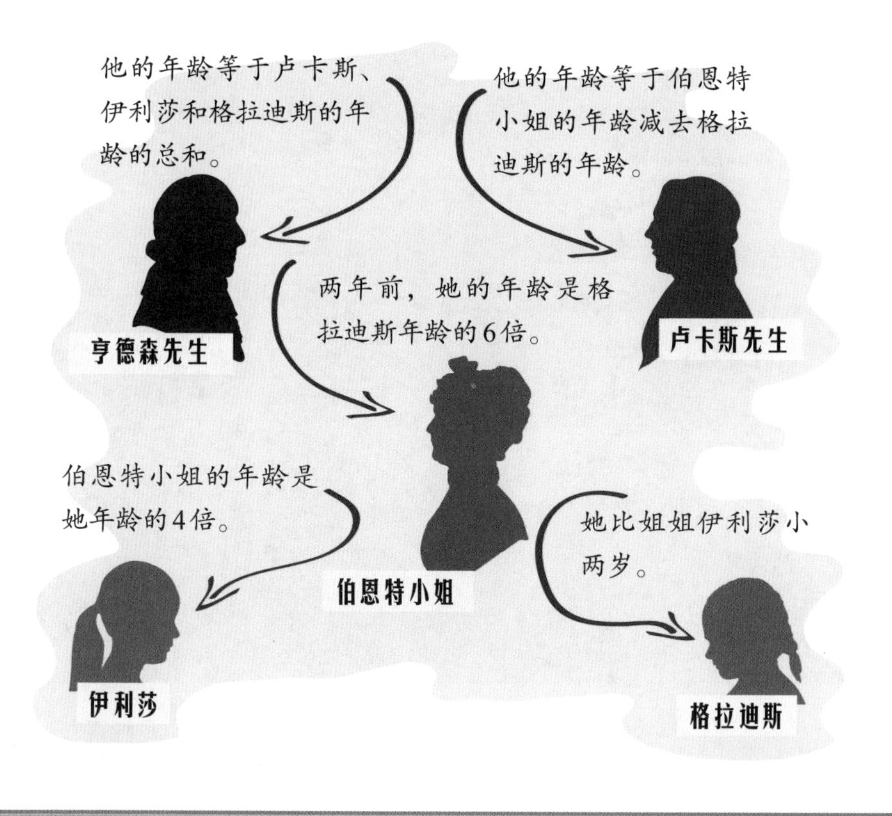

11

房间布局

亨德森先生、卢卡斯先生、伯恩特小姐和两个女孩暂时住在这些房间里。福尔摩斯零星地问了他们几个问题，了解谁在哪个房间里。他得出以下结论：

如果亨德森先生住在橙色的房间里，那么伯恩特小姐的房间就有三扇窗户；

如果两个女孩住在一间窗户朝南的房间里，那么卢卡斯先生就住在一间绿色的房间里；

如果伯恩特小姐的房间有三扇窗户，那么卢卡斯先生的房间也有三扇窗户；

如果亨德森先生住在一间绿色的房间里，那么两个女孩的房间也是绿色的；

如果伯恩特小姐和两个女孩的房间挨着，那么卢卡斯先生就住在一间橙色的房间里。

那么，他们分别住在哪个房间里？

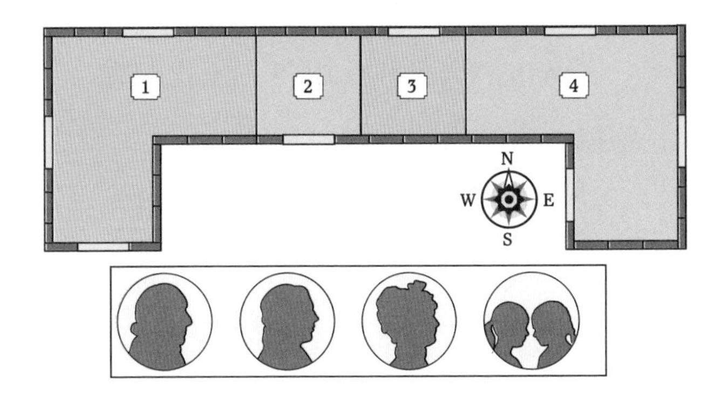

12

猜字谜

伯恩特小姐和女孩子们玩很多不同的游戏，女孩子们特别喜欢一种称为“字母字谜”的游戏：

我名字中的第一个字母同时出现在单词 PERJURED，CONJUROR 和 ADJACENT 中。

我名字中的第二个字母同时出现在单词 JAUNTING，LEAKAGE 和 HIJACK 中。

我名字中的第三个字母同时出现在单词 REACTION，FENCING 和 ACROBATS 中。

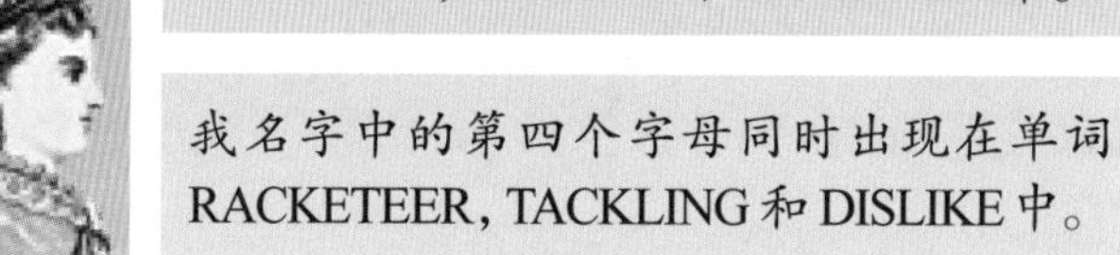

我名字中的第四个字母同时出现在单词 RACKETEER，TACKLING 和 DISLIKE 中。

我名字中的第五个字母同时出现在单词 CARETAKER，DAINTILY 和 BACKDOOR 中。

我名字中的第六个字母同时出现在单词 POLLUTED，CHEWABLE 和 BLOWUP 中。

而这个全名我会用在一个我能想到但不太喜欢的人身上！

13

花　束

为了传递她的秘密信息，伯恩特小姐把它们隐藏在花束中。作为特别的预防措施，这些花必须符合事先的约定，一周中的每一天都不同。

星期一和星期三，这束花中必须有四朵相同的花。

星期一和星期二，这束花中必须至少有一朵蓝色的花。

星期三，这束花中必须有三到四种不同的花。

星期二和星期四，这束花中必须至少有三朵黄花。

星期五，这束花中至少有两朵白花。

根据花束信息推断，下图中的每束花分别对应于一周中的哪一天。

14

在闯入之前

华生对福尔摩斯提出的闯入这座古老城堡的建议并不感兴趣，但为了表示对老朋友的忠诚，他还是接受了福尔摩斯的建议。然而，这座豪宅的房间布局犹如一座迷宫，在采取行动之前，他们必须规划好自己的路线。

当然，他们应该避免进入其家庭成员可能正在睡觉的房间。这些房间在下面的平面图中用感叹号标示。他们应该如何走，才能从箭头处进入豪宅，到达标有X的房间？

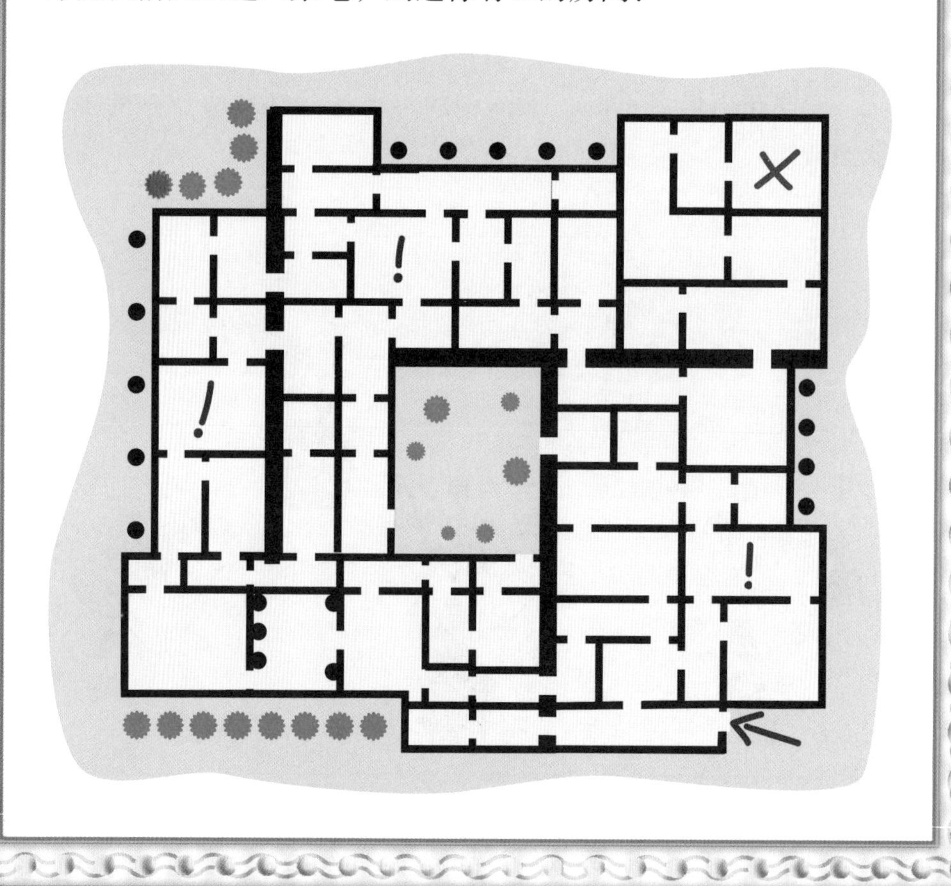

15

纵横字谜

当伯恩特小姐陪着亨德森先生的女儿们一起玩文字游戏时，她头脑里只有一个念头。

在这个纵横字谜里，一个字母被一种形状所代替。一旦这位家庭教师解开这种字谜，她就可以利用图中下面一行的形状拼出她心中的想法。

找出拼图中的单词，据此推断出伯恩特小姐脑海中的单词，福尔摩斯很快就确定了她行动的动机。

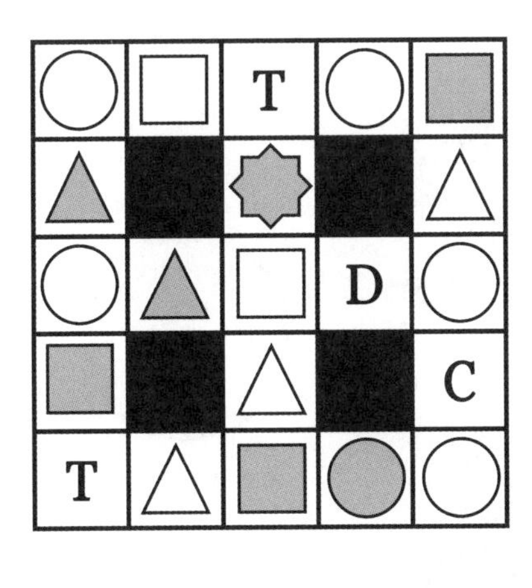

16

准点的火车

一位便衣警察在火车站值班，差不多值了24小时，他看到伯恩特小姐拼命地从抓她的人手中挣脱出来。这位警察是这样回答福尔摩斯的问题的。

“自从我来到车站，只有6列开往伦敦的火车离开。它们定时发出，发车的时间间隔也是一样的。图中所示为我值勤期间车站依次播报的火车离开时刻。伯恩特小姐设法从乘坐的最后一列火车逃脱了。幸好是在白天，这样她知道自己去了哪里。”

根据以下钟面的显示，伯恩特小姐乘坐的最后一列火车是几点发车的？

17

警察在值班

贝恩斯探长叹道："为了确保那些恶棍不可能逃跑，我想在每个十字路口都派一名警察看守。 但我不想调派那么多人。"

福尔摩斯提议："只用三名警察，你就可以对地图上的所有道路进行充分的监视。"

贝恩斯探长应该在下面哪三个路口安置他的三名警察？

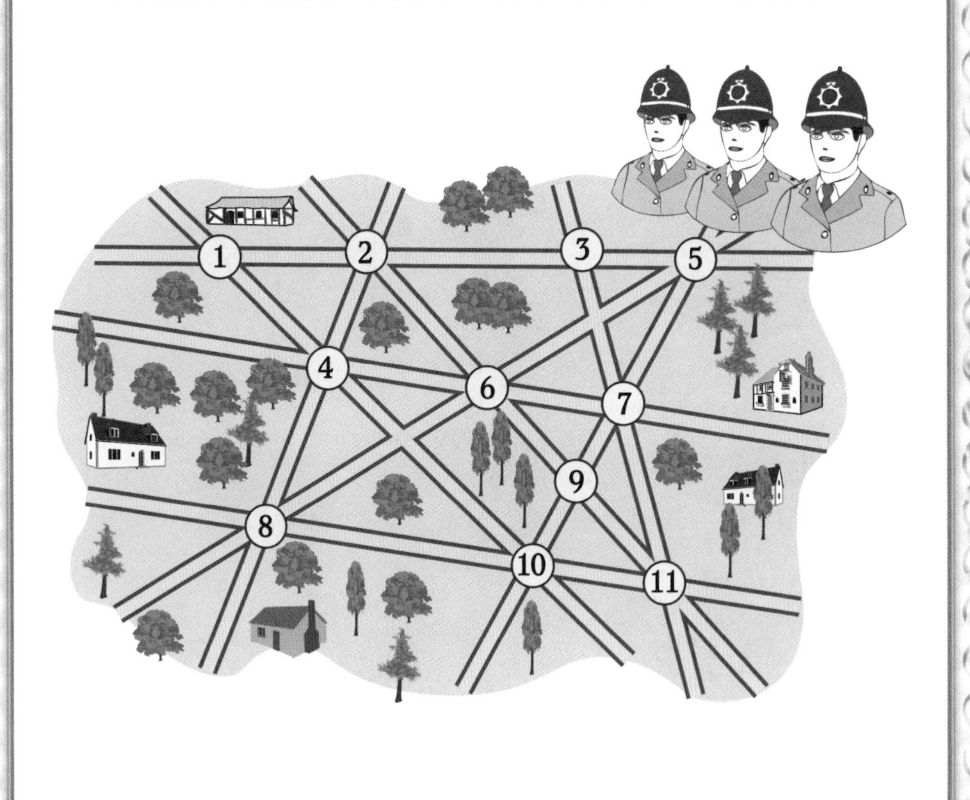

18

穿越欧洲

在被福尔摩斯调查后不久，圣佩德罗的“老虎”逃离了这个国家，然后又从一个国家逃到另一个国家，直到他遇见死神。他的第一个目的地是法国，后来他从一个国家逃到另一个国家时都遵循着一个奇怪的迷信规则：出发国和到达国的名称中必须有三个字母相同，不能多也不能少。

他最后一次逃到了哪个国家？

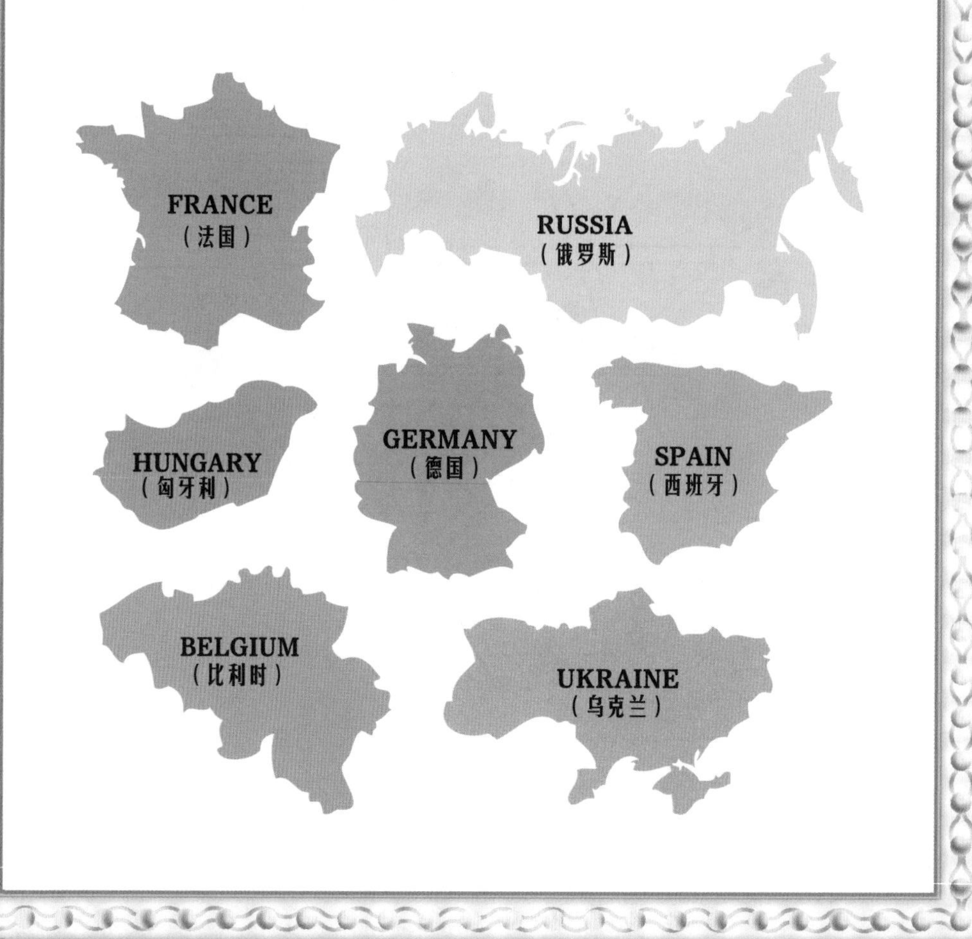

19

你懂巫术吗

警方在维斯特里亚寓所发现的奇怪而恐怖的骨头最终由福尔摩斯解释清楚了。正如他后来向华生叙述的那样，加西亚的一个仆人和同伙使用了一种奇怪的巫术。

在这里发现的这个小牌匾证明了这一事实。你能用几种方法拼出Voodoo这个词？从一个字母到下一个字母，只要它们是相互连接的，就是一种方法。注意同一个字母不能使用两次。

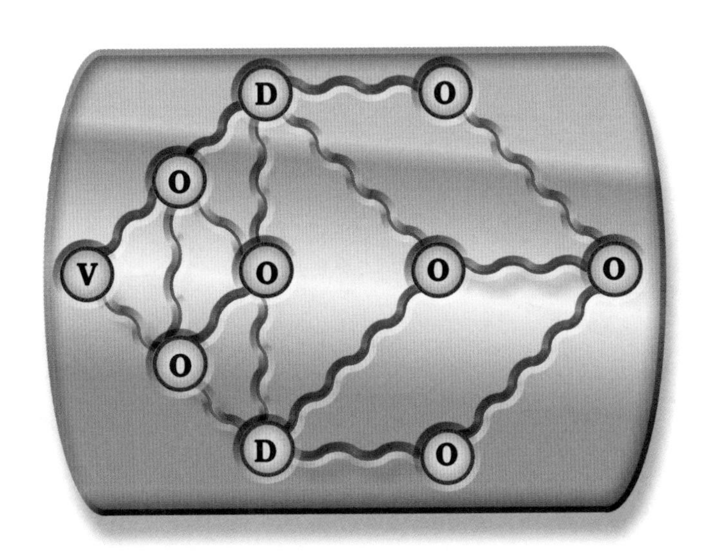

20

字典游戏

在这则冒险故事之初，福尔摩斯曾问华生：“你怎么定义‘怪诞’这个词”？现在在故事结尾，他总结说：“正如我以前说过的，从怪诞到恐怖只有一步之遥。”福尔摩斯是个喜欢文字的人，他谨慎而准确地使用它们。偶尔，他会在约翰逊博士编撰的字典的帮助下和华生一起玩“字典游戏”。

福尔摩斯说：“下面这些词很适合那个讨厌的角色——唐·穆里略。”

你能将每个单词与塞缪尔·约翰逊博士的字典解释匹配起来吗?

残忍的
堕落的
贪婪的
坏脾气的
致命的
有害的
强取的，掠夺成性的
专制的

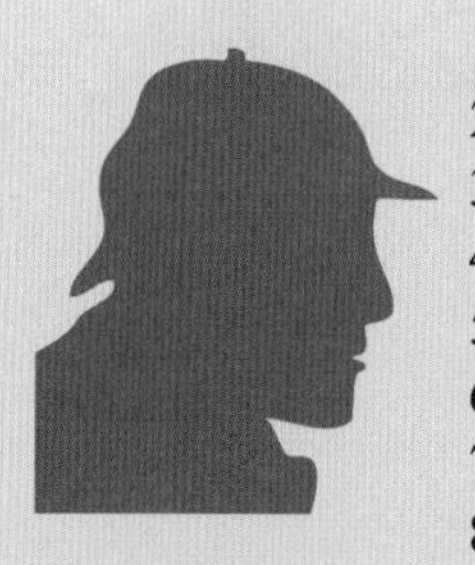

1. 不善良，不友好
2. 致命的，毁灭性的
3. 残酷的，暴君式的
4. 惯于掠夺，暴力抢夺
5. 残暴的，冷酷的
6. 造成伤害的，破坏性的
7. 极度渴望财富
8. 不正直，道德败坏

故事到此接近尾声。

第3章

第二块血迹

根据华生医生的说法,《第二块血迹》的冒险故事是福尔摩斯处理的“最重要的国际案件”。这个故事发生在19世纪末，它让我们一窥第一次世界大战前的欧洲政治。一位不负责任的外国领导人写的信极具挑衅性，很容易导致一场大战。多亏了英国首相谨慎而理智的处事方式，在福尔摩斯的大力帮助下，冲突得以避免。

在有点预言性的介绍之后，故事围绕福尔摩斯的行动及其精彩演绎展开。对你来说，这项任务风险不高，但挑战同样艰巨，你能像福尔摩斯一样，准确而高效地破案吗?

1

官样文章

当首相因那封失窃的信来找福尔摩斯时，首相说话谨慎，但态度直截了当。而外交大臣表达自己观点的方式则要复杂得多。福尔摩斯有点不耐烦地打断他说：“说清楚，伙计！直接说出你的意思！”

然后，他只用几句话就概括了这位大臣的长篇大论。请选择福尔摩斯对外交大臣复杂陈述的正确总结。

请允许我就这件微妙但突发的重要事件表达我内心深处的看法，我不得不谴责反对反废除死刑运动的人。

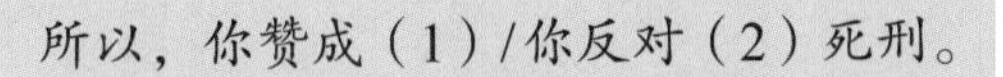

对于那些质疑该项目的可行性建立在合理论据之上的人，我很乐意对他们提出最强烈的反对意见。

所以你认为我们可以继续（1）/我们不能继续（2）进行这个项目。

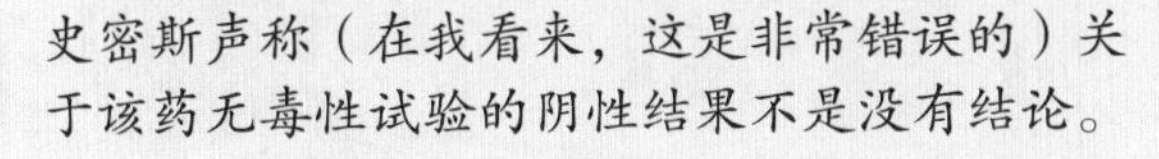

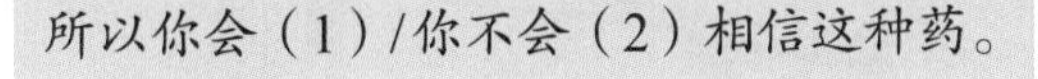

2

失窃的信

特雷劳尼·霍普在他放入保险箱的每一份文件上都印上2个小小的符号。这些符号的含义我们不必去深究，但它们都以一定的逻辑规律出现。

一封放在保险箱里的重要信件不见了，福尔摩斯很快就猜出上面印着什么符号。

你能吗？

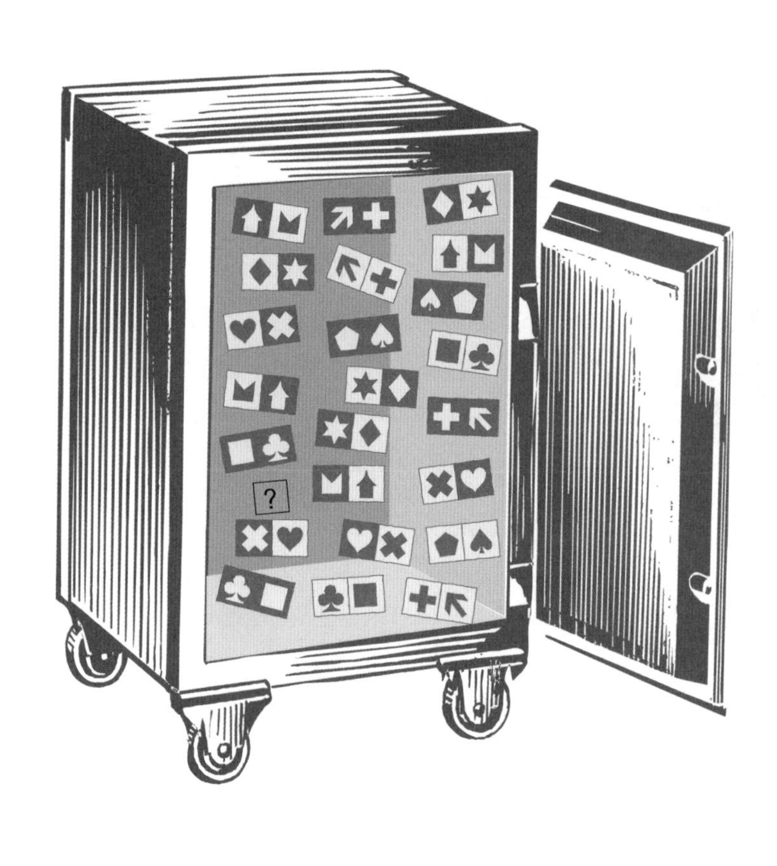

3

邮 费

看着一位外国君主发来的令人愤慨的信件，华生开玩笑地问："他是邮寄来的吗？"

面对吃惊的首相，福尔摩斯附和道："太吝啬了！"

如果他是邮寄的话，他应该贴上面值等于76英镑的邮票。他应该用下面哪几张邮票？

4

间谍大师

福尔摩斯怀疑这封被盗的信被卖给了在伦敦活动的三大国际间谍（奥伯斯坦、拉罗西埃和卢卡斯）中的一人。

福尔摩斯问道："在与这些狡猾的人打交道之前，有必要多了解他们一些。华生，你对他们了解得多吗？"

华生回答说："我根本不了解。"

于是，福尔摩斯对这3个间谍进行了一番彻底调查，得出以下结论：

在卢卡斯和奥伯斯坦两人中，较不富有的那位是3人中年龄最大的；

假扮画商的不如自称记者的有钱；

在奥伯斯坦和拉罗西埃两人中，较富有的那位是3人中年龄最大的；

自称是记者的比冒充商人的年轻；

在拉罗西埃和卢卡斯两人中，年龄较大的那位是3个人中最富有的。

你能分辨出每个间谍的年龄、财富状况和所冒充的职业吗？

5

便士与耐心

首相拜访之后，福尔摩斯陷入了沉思。他两耳不闻窗外事，心思全放在了这个案件上。华生用游戏来打发时间，耐心地等待着他的朋友恢复正常状态。他在一个网格上放了一些硬币，并挑战自己做到在每一行、每一列和两条主对角线上各放3枚硬币。在下图中他可以做到这一点吗？要求只移动3枚硬币，而且每枚硬币只能沿正方形的边做上下、左右或对角线方向的移动。

哪些硬币应该被移动到哪里？

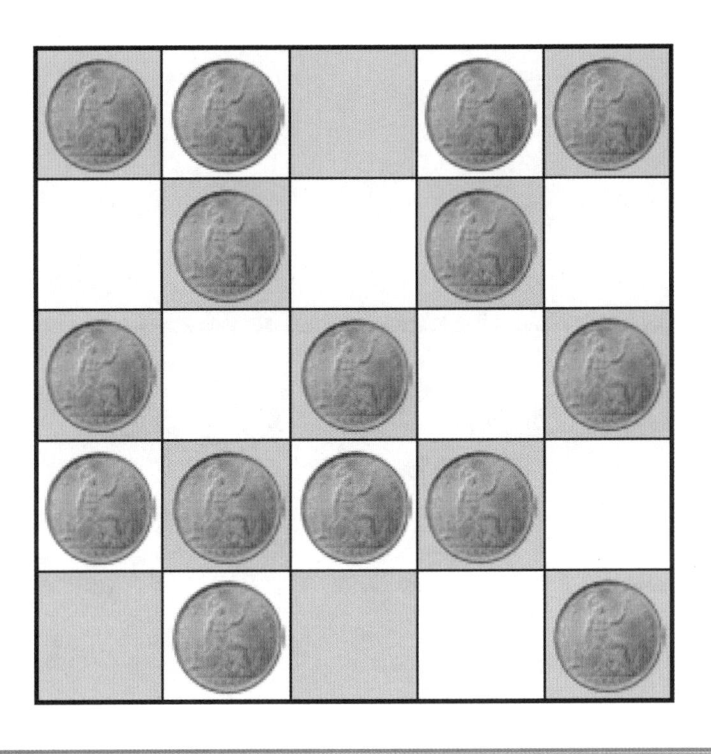

6

犯罪的阴影

卢卡斯热衷于收藏各个时代的武器，他在一个展板上展示他最精美的武器。讽刺的是，他遭到其中一种武器的野蛮攻击。

福尔摩斯评论道："我看到凶手带着犯罪武器离开了。"华生证实："是的，展板上有一种武器的形状，但下面的武器堆中没有这种武器。"

你能找到它吗？

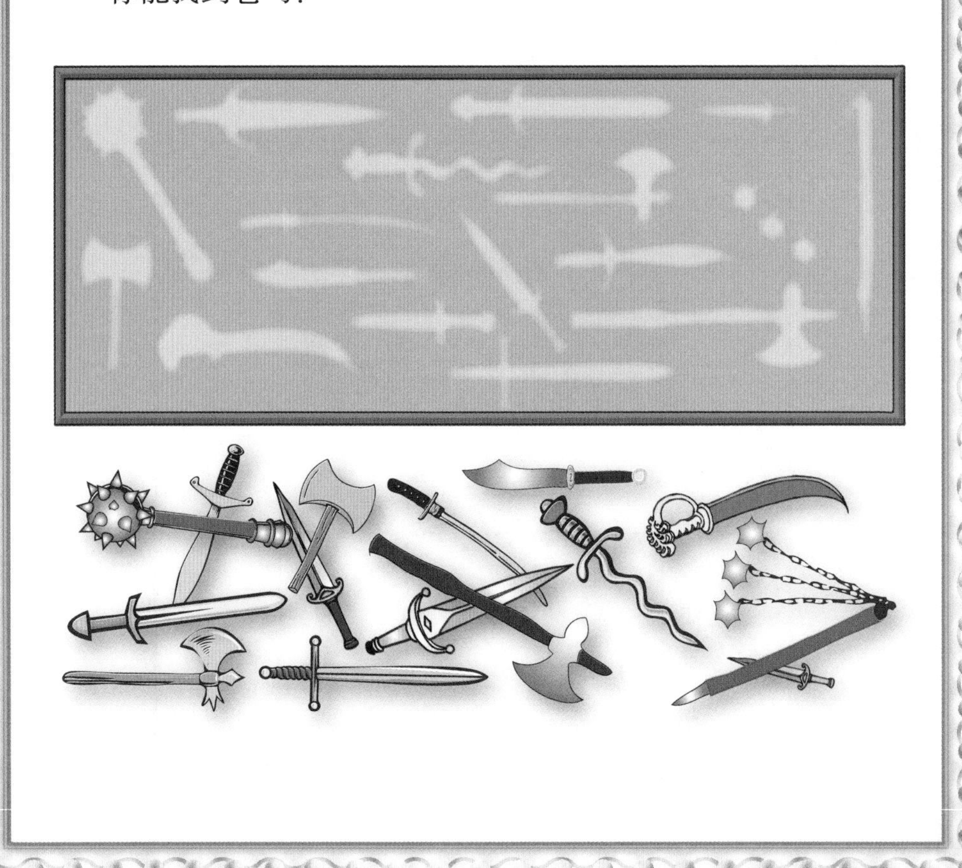

7

族 谱

当特雷劳尼·霍普夫人宣布消息时，夏洛克·福尔摩斯转向他的朋友："快，华生，给我一点线索。除了是特雷劳尼·霍普的妻子，这位女士还是谁？"

华生老老实实地回答说："希尔达·特雷劳尼·霍普夫人，是贝尔敏斯特公爵的女儿，公爵是风云人物'勇敢的华莱士'的孙子。这位勇士有两个儿子，贝尔敏斯特公爵的父亲和娶了特雷莎·韦瑟比的纳撒尼尔。后者的儿子霍勒斯是我们首相夫人的父亲。但说到特蕾莎·韦瑟比，她是著名的艺术赞助人克拉丽莎·韦瑟比的妹妹，她们的父亲是被称为'懦夫卡斯伯特'的另一位传奇人物。总之，克拉丽莎是特雷劳尼·霍普的祖母，是的，特雷劳尼·霍普是希尔达的丈夫！"

福尔摩斯想了一会儿，问道："那么，我下面的推断对吗？"

——霍勒斯，我们首相的岳父，是希尔达的叔叔。

——特雷劳尼·霍普的曾祖父正是"懦夫卡斯伯特"。

——霍勒斯和贝尔敏斯特公爵是表亲。

——特蕾莎·韦瑟比是"懦夫卡斯伯特"的女儿和"勇敢的华莱士"的儿媳。

以上福尔摩斯的推断中有几个是正确的？

8

火车上的间谍

卢卡斯去巴黎旅行时，居然有3名反间谍在跟踪他。他们分别坐在火车的不同车厢里，以便在不被发现的情况下完成任务。福尔摩斯询问这3名反间谍，想知道他们在这列有49节车厢的火车上的确切位置。

第一位反间谍哈利说："我前面的车厢数是我后面车厢数的两倍。"

第二位反间谍迪克回答说："我后面的车厢数是前面的3倍。"

第三位反间谍汤姆总结道："我介于他们之间，我和迪克之间的车厢数是我和哈利之间的车厢数的5倍。"

"但是卢卡斯在哪里？"福尔摩斯有点生气了，冷冷地问道。

汤姆平静地回答道："我比迪克离他近两节车厢。"

如果这列火车从前往后车厢的编号为1到49，卢卡斯在哪节车厢？

9

男仆不在场的证明

福尔摩斯问道："当你到达那幢房子时，你看了看手表，表上显示为午夜过了20分钟，对吗？"

前晚发现谋杀案的仆人回答说："完全正确，先生。"接着他又补充道："但我的表有点快。"

福尔摩斯问："有多快？"

男仆说："每小时快两分钟。但每天早上——除了今天，我都在十点钟把它和座钟一起校准。"

福尔摩斯问道："你为什么要这么做？"

男仆说："卢卡斯先生希望，呃，我是说，他想让他的钟准时。不过这只座钟每小时慢3分钟。"

不在场的证明可能就是一个几分钟的问题，所以福尔摩斯比较了男仆的手表和座钟的时间，两者的时间显示在下图。

昨晚男仆是几点到达那幢房子的？

10

疯狂的逻辑

福尔摩斯评论道:“福纳太太的精神状态不佳，这是毫无疑问的。她有自己的逻辑，常人有时很难理解。”就在前几天，她说:“我注意到，在我见过的所有已婚男人中，嫉妒的都是说谎者，男高音都是嫉妒的，说谎者和所有的间谍都是不忠的，但所有男高音都是忠诚的。”

如果她知道自己的丈夫、著名男高音歌唱家卢卡斯先生也是间谍，她就会意识到她的推理是错误的。

以下关于已婚男人的陈述中，哪一项符合福纳太太的假设?

① 嫉妒的男人也是不忠的说谎者。

② 说谎者不嫉妒。

③ 间谍不是撒谎者。

④ 男高音不说谎。

⑤ 不是间谍、不嫉妒、不说谎的男人仍然是不忠的。

⑥ 间谍是忠诚的。

11

地毯对称性

福尔摩斯首先关注的当然是地毯中间的污渍，但地毯本身也引起了他的兴趣。

福尔摩斯说："华生，你注意到了吗？地毯不是对称的，其中有十个细节违背了整体对称性。"

你能找到它们吗？

12

数字组合

地毯下面发现了一个洞！洞中有些什么将不予披露。但在很多情况下，福尔摩斯不得不找出锁的数字组合密码。有一次，他幸运地找到了主人记下保险箱组合密码的那张纸条（有点模糊不清），这个主人为了防止自己遗忘才写下这张便条。

下图就是便条。保险箱的数字组合密码是什么？为了帮你领先福尔摩斯一步，提示一下：这个组合只包含1到6之间的数字。

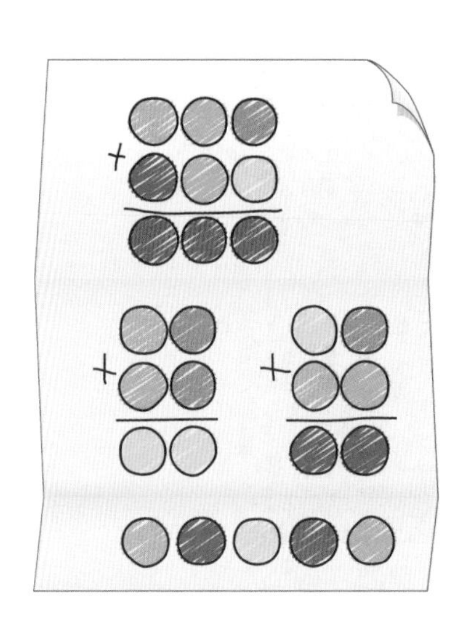

13

女访客

福尔摩斯说："现在，在回答这个问题之前，先好好想想。你的回答可能牵涉一位非常尊贵的女士。你认识这些女人吗？如果认识的话，你能告诉我，你什么时候见过她们吗？"

福尔摩斯在警察面前画了5幅素描。

警察从一张素描看到另一张素描，斟酌良久之后他回答说："星期一来的那位女士，不是穿条纹连衣裙的那位，她位于星期二和星期三来的女士之间；星期四来的那位女士就在穿条纹连衣裙的女士旁边；星期五来的女士不在左右两侧，但星期三来的女士在其中一侧。"

福尔摩斯得到了他想要的信息。

你能告诉我，她们几位分别是哪天来的吗？

1 *2* *3* *4* *5*

14

编码首字母

福尔摩斯一个接一个地询问在谋杀现场值班的所有警察。但由于他生性多疑且谨慎，他用自己的编码草草记下这些警察名字开头的字母。找到他要找的人后，再将名字补充完整。

熟悉这个编码的华生告诉我们，这些名字开头两字母缩写（按字母表中顺序排列）是：AL，AO，EA，LE，ND，NO，OD。

图中加下划线的名字是什么？

15

凶手还是受害者

针对华生的完全不理解，福尔摩斯叹息道："凶手是受害者。"

华生怀疑地问道："凶手？"

福尔摩斯纠正道："不，不，是偷信的人。"

"受害者？真的？"华生很难理解他的推理。

福尔摩斯把一道小谜题递给华生，说道："这就是原因所在。"在这道谜题中，找出的单词就是华生问题的答案。

使用下面的线索在字母表格中找到隐藏的单词：

这个字母在两个相同的字母之间；

这个字母的下面是A，而A的下面是M；

这个字母的右边是K，而K的右边是J；

这个字母的上面是N，左边是L；

这个字母的上面是R，而R的上面是P；

这个字母的右边是H，上面是A；

这个字母刚好在自己的上面；

这个字母的上面是S，下面是P；

这个字母同时和F、M和N相邻。

O	F	A	H	G	N	J	K
L	P	H	A	L	C	A	F
F	G	L	F	O	P	H	M
O	K	F	O	S	K	G	X
P	L	A	H	I	E	U	F
G	A	K	J	P	A	B	A
J	M	H	F	R	A	K	N
N	L	F	H	K	F	G	L

罗马数字信息

卢卡斯遇害后，夏洛克·福尔摩斯联系了许多线人。其中一个人给他带来了一本书，这本书是潜伏在受害者房子周围的一个可疑人物留下的。

华生看到这本书上的题词时说：“好吧，这显然是一条加密信息。不是吗，夏洛克？”

福尔摩斯回答说：“是的，你是对的，但与你认为的可能不一样，它不是一个数字代码。当我听说这本书很可能是那个自称“罗马人布鲁图斯”的小间谍写的时，我就猜测到该如何破译它。”

根据福尔摩斯提供的情报，你能破译下面的信息吗？

5 50 50
100 5 50 1000
5 1000 1 500
1000 5 500
5 1 50 50 5
100 50 1 1000 5 10

50 5 500 1
1 50 500 5
1000 1 50 50
100 5 50 50
500 5 5 1 500

17

复制的钥匙

希尔达夫人新配了一把保险箱的钥匙，想把它和原来的钥匙进行比较。她匆忙抓起一大把钥匙，但由于极度紧张，那把复制的钥匙混到了其他钥匙中。在惊慌失措的状态下，她既找不到原来的钥匙，也找不到复制品。

你能帮她找到这两把一模一样的钥匙吗？

18

狩猎

正如福尔摩斯所发现的，这个狩猎场景是一份复杂备忘录的一部分。出于某种原因，特雷劳尼·霍普无法记住保险箱的组合密码，但他也害怕：如果他把密码写下来，就会有人发现它。所以他的复杂备忘录由两部分组成：一部分是狩猎的场景，另一部分是一张便条。便条内容如下：第一个数是第二个数的两倍，第三个数等于前两个数之和。

你能利用下面的狩猎场景，找到这个五位数的组合密码吗？

19

珍贵的信

特雷劳尼·霍普带来了他保存信件的箱子，打开后把所有的信件都倒在他们面前的桌子上，说：“你们自己看！我说过那封信不在这里！”

福尔摩斯说：“如果我是你，我会看得更仔细一点。你一封接一封地拿起这些信，不拿那些被另一封信部分覆盖的，那么在你拿到那封重要信件时，你之前拿起的信件数是之后拿起信件数的2倍。”

哪一封是珍贵的重要信件？

20

结　论

华生非常清楚这封珍贵的信是如何被扔进了原本不见踪影的信箱的，但官方对此事的说法却有些不同。

在下面的网格中，通过将下方的字母放到上方网格相应的空格中，可以破解这一事件。困难在于找到字母填入的正确方法。单词之间用黑色方块分隔。

（提示：这封信被找到了，因为它从未丢失。）

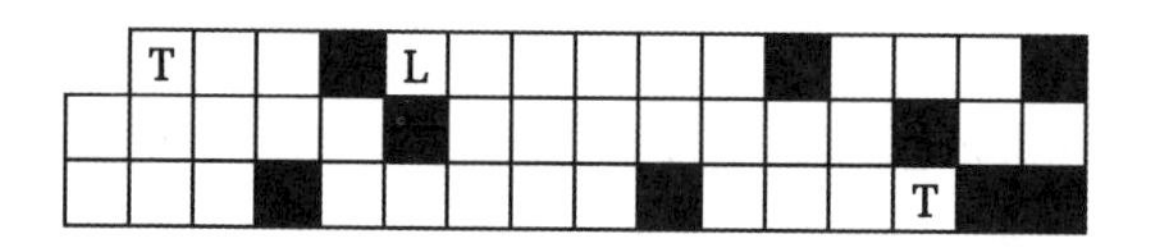

F	A	H	E	D	E	B	E	C	A	L	O	E	A	I	T
W	O	S	N	N	~~L~~	E	E	R	E	R	S	S	~~T~~	S	
	~~T~~	U				V	T	T		U		W			

福尔摩斯编造了这个善意的谎言，使故事得以圆满结束。

第4章

赖盖特之谜

也有人把《赖盖特之谜》称为《赖盖特乡绅》，这个故事开始于夏洛克·福尔摩斯因患神经衰弱而在法国中部养病期间。这种病痛对故事至关重要，不是因为福尔摩斯因此而能力削弱，而是因为他在好几个场合都假装生病了。有一次，为了阻止一些重要信息被披露，他故意晕倒了。另一次，他因把事实弄错而晕倒，但这也是故意的。

当病情发作时，解开谋杀案的真相是福尔摩斯最好的治病措施。随着案件的进展，他找到了新的意想不到的精神来源，开始探索犯罪学中一个他长期忽视的方面：笔迹分析。书写的文字不仅指明谁有罪，同时也打开了一扇了解书写人性格和意图的窗户。即使福尔摩斯处于虚弱的状态，他还是思维敏锐。亲爱的读者，鼓足勇气去挑战这些难题吧！

1

单人纸牌游戏

福尔摩斯由于劳累过度，决定到华生的一个朋友家里休养。在那里，他要保持冷静，使思绪平静下来。当然，这样一个充满活力的智者即使严格遵守医嘱也不可能无所事事。他以玩纸牌为幌子，给自己设置了各种各样的挑战。

在这个游戏中，他随机发5张牌，并挑战自己找出每组中与众不同的一张牌。对有的人来说，答案是显而易见的；对另一些人来说，答案就不那么明显了；而对剩余的人来说，获得答案的难度则可能更大。

找出适当的理由，让每一张牌都成为与众不同的牌。

2

单词车轮

华生医生照顾着他的杰出病人，尽最大努力让他的头脑保持忙碌状态，但尽可能远离任何刑事调查。为此，他和福尔摩斯玩起了各种游戏。

在这个游戏中，华生让福尔摩斯在下面的每一个圆圈中填入一个字母，以组成9个与身体健康状况相关的单词：① 活力、精力，② 体力、耐力，③ 健康，④ 强壮的，⑤ 壮实的，⑥ 精力充沛的，⑦ 强健的，⑧ 健壮，⑨ 健壮的。一旦你找到单词的第一个字母——它在每个单词圆圈的不同位置，这个单词就可以按顺时针方向或者逆时针方向读出。把添加的9个字母按正确的顺序排列，也会组成一个同样与健康状态相关的单词。这个词是什么？

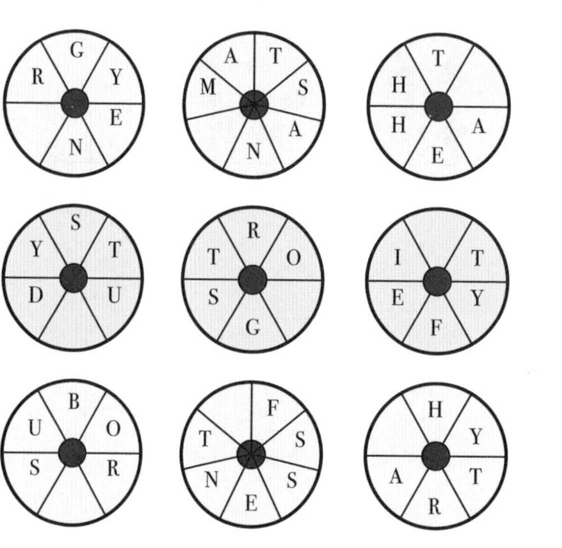

3

抢　劫！

离福尔摩斯住处不远的一所房子被抢劫了。奇怪的是，盗贼们把所有的东西都翻了个遍，弄得一团糟，但几乎什么都没拿走。福尔摩斯对这种奇怪的行为感到不解，开始陷入沉思。但华生阻止了他的沉思，提醒他来这里是为了休养。

虽然福尔摩斯不被允许做进一步的思考，但他仍然猜出什么东西被偷了。请你看一看，在图中上部所有整齐排放的物品中，哪些物品在下部乱放的一堆中是找不到的？

4

谋　杀！

福尔摩斯、华生正和他们前往拜访的主人安静地交谈，一阵刺耳的尖叫声打破了平静，附近一户人家的车夫威廉·柯尔万不幸被人杀害了。

一阵骚乱平息后，有人问：“我们在谈论什么？”你能在下面的文本中找到福尔摩斯如此详细描述的是什么吗？

zhe zhong zhuang zhi zui jin cai zai mei guo huo de zhuan li, dan wo xiang xin bu jiu ta jiang jin ru wo men da duo shu ren de jia ting。ta you san bu fen zu cheng。yi ge bu jian fang zhi zai zhuo zhang, ling yi bu jian shi yi ge ba shou。ni ke yi shou na zhe ta, dui zhe yi duan shuo hua, ling yi duan ze yong yu jie ting。zhe ge zhuang zhi rang ni ke yi he hen yuan di fang de ren jiao tan。

MOUSHA!!!

MOUSHA!!!

MOUSHA!

5

家族声明

该地区最富有的两个家族——阿克顿家族和坎宁安家族多年来一直在争夺财产。他们的律师不仅很难确定什么财产属于谁，而且在确定谁主张什么方面也遇到了一些困难！

在询问了阿克顿家族的几名成员之后，福尔摩斯得出结论：每个人都说了两件事实，但在第三件事上撒谎（或者说是错的）。有了这些信息，福尔摩斯就可以确定阿克顿家族的财产。你能吗？

在这片土地上，我们家族拥有……

7块田，4个谷仓和1幢房子

8块田，4个谷仓和2个池塘

8块田，3个谷仓和1幢房子

7块田，1个池塘，还有1片树林

1幢房子，3个谷仓和1片树林

6

房屋平面图

在进入家门时，亚历克·坎宁安目睹了威廉·柯尔万被枪杀的过程。福尔摩斯因此让督察介绍房间的布局。

督察说：“哦，你知道，房间都很标准。你从这里能看到的每扇窗户后面都有一间房间。例如，那扇窗户的后面是老坎宁安先生的房间，就在图书室的上面。年轻的亚历克·坎宁安的房间在高处的窗户后面，他的私人更衣室就在隔壁。然后是老坎宁安先生的男仆的房间，就在书房的右边。还有一个女佣，她的房间在台球室上面。当你从正门进入时，你进入到一个大厅，在你的左边是客厅，在你的右边是图书室。

是的，有点奇怪，但台球室和更衣室挨着。”

夏洛克·福尔摩斯立刻明白了房子的布局，并能分辨出哪个房间在哪扇窗户后面。

你能做到吗？

7

大管家

在调查过程中，夏洛克·福尔摩斯要求见见所有为坎宁安家族工作的正式和临时的仆人。和当时大多数家族一样，坎宁安家族的仆人众多。

管家珀迪塔·霍恩渴望见到这位著名的侦探，他主动介绍了当时在场的所有同事。

“首先，我要给您介绍安东尼·梅森（Anthony Mason），他是在我之后家仆中最重要的一位男仆（manservant）。他的妻子是女仆（Maid）艾达·梅森（Aida Mason）。还有一位脚夫（footman）最近加入了这个家族，他叫曼纽尔·福克斯（Manuel Fox）。最后这位是特里·波希尔（Terry Posher），他是……”

福尔摩斯打断他说：“让我猜猜，如果他遵守了这里命名的规则，他一定是……”

那么，从逻辑上说，福尔摩斯该选择下列中哪一个职业来完成他的句子呢？

伙食管理员（steward）

贴身男仆（valet）

搬运工（porter）

园丁（gardener）

男管家（butler）

8

挨家挨户

弗雷斯特探长让一名警官调查了案发前一天被害车夫的行踪。

他对福尔摩斯说："我发现，车夫在那天下午的某个时候，在这个地区的4栋房子里转了一圈。他从一栋房子走到另一栋房子，然后又走到另一栋房子，再到第4栋房子，最后回到他原来的房子。这一路他没有经过任何其他房子。"

福尔摩斯回答说："好的，有了这些信息，我就可以在这个地区找到十几条不同路线。每条路线对案件都有所帮助。"

你能在下图中找到12条不同的旅行路线，每条路线形成一个环路，路线上的人逐一经过4栋房子（出发和到达的房子算一栋），而且不走回头路吗？

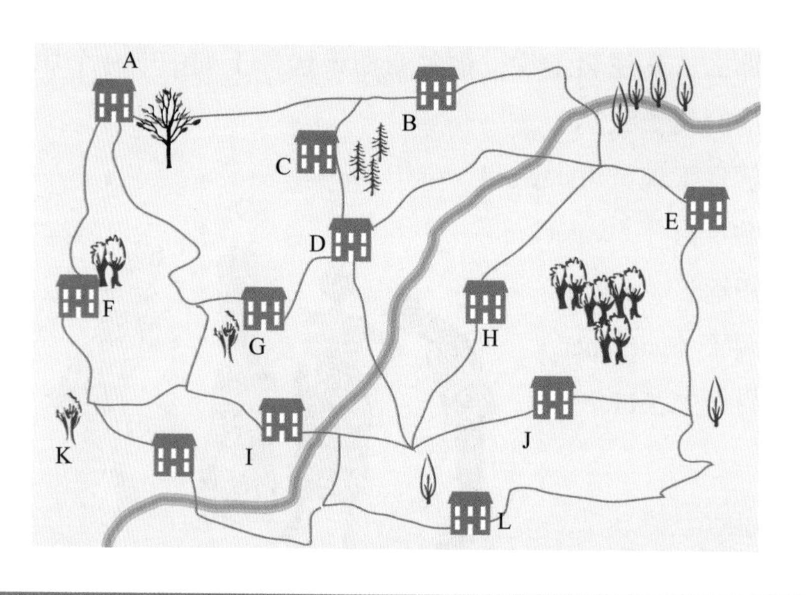

9

箭　术

案发前一天，亚历克·坎宁安家举行了一次私人射箭比赛。当福尔摩斯前来检查房子时，箭还在靶子上。

福尔摩斯礼貌地问道："比分是多少？"

坎宁安夸耀道："我得了最高分，78分；我父亲的男仆得了63分，我父亲得了56分。"

福尔摩斯把被谋杀的车夫的靶标拿到面前，故意问："威廉·柯尔万得了多少分？"

年轻的坎宁安回答说："这是他的靶标，你可以自己算出分数。"

福尔摩斯很快就做到了。

车夫得了多少分？靶标上每个区的计分不同，而且与官方比赛中通常使用的计分规则不同。

10

墙上的缺口

根据亚历克·坎宁安的说法，射杀车夫的人逃出了庄园，他可能是从矮墙的缺口处逃走的。福尔摩斯考虑了这个地区的所有细节——绿树、灌木、沟渠和墙的缺口，甚至注意到了丢失砖块的确切数量。

修补下面的墙需要多少块砖？注意：这堵墙特别坚固，厚度是两块砖。

11

分散注意力

调查车夫谋杀案使弗雷斯特探长成为人们关注的焦点。他很喜欢这种感觉，于是经常说得太多。有一次他几乎向嫌疑犯透露一些重要的证据。为了避免这样的灾难发生，福尔摩斯迅速假装失去知觉以转移话题。

所有人立刻围住福尔摩斯，用不同的方式描述他的不适。从下面的云中可以找到5个描述性词语。每个词语拼音的第一个字母在第一朵云中，第二个字母在下一朵云中，依次类推，组成5个词。

②u e a h o

④j l h n y

⑤u u u l u

①h l y z t

③n i n a u

⑥e o a i n

12

破碎的盘子

在探访坎宁安家时，福尔摩斯故意撞翻了一张摆放着水果和盘子的矮桌子。两个盘子摔坏了，水果掉得到处都是。这是一个完美的事件，分散了其他人的注意力，好让福尔摩斯悄悄溜走。华生承担了这一事件的责任，帮助收拾残局。他设法找到了一个盘子的所有碎片，但尽管他很努力了，却找不到第二个盘子的最后一块碎片。

下面是两个盘子和打碎后的碎片。是蓝色还是绿色盘子缺失了一块？

13

杀　手

福尔摩斯根据个人经验意识到，杀过人的罪犯总会再次杀人。这似乎是一个普遍的现象，造成关于杀戮和暴力死亡的词汇非常丰富。

下列这些都是与此有关的词汇，请把它们正确地填到网格里：assassinate, carnages, crime, eliminate, execution, fell, gash, homicide, kill, liquidate, murderer 和 slay。

另外，灰色方格中的字母可以组成一个单词，用以描述福尔摩斯侥幸逃脱的命运。

提示：这个词的意思为“勒死”。

14

子　弹

福尔摩斯被认为是现代办案采用的许多调查方法的先驱。当嫌疑犯的枪被缴获时，他马上意识到这是一份珍贵的证据。如果它发射出的子弹与在受害者身上发现的子弹形变相似，那么它是凶器的可能性就非常高。

从下图中找到两颗完全相同的子弹，两颗子弹在被同一把枪发射后产生同样的形变。

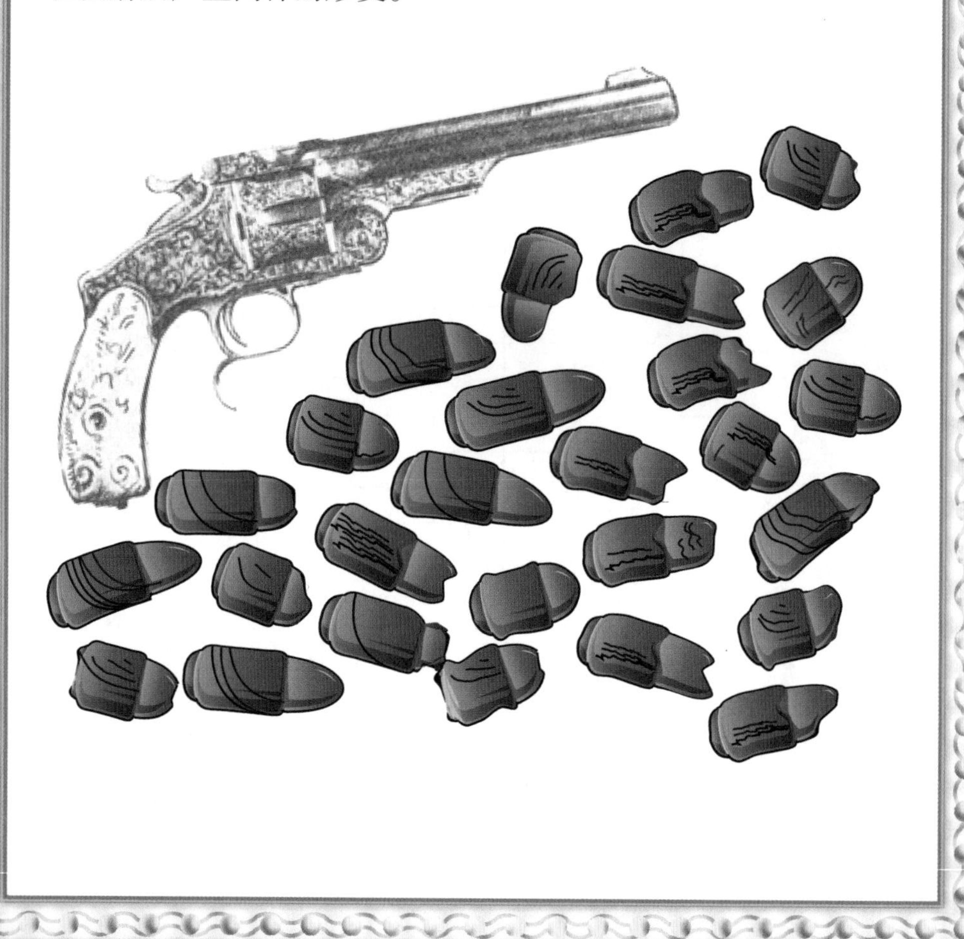

15

光驱锁

凶手被捕后，警察搜查他的房子，遇到了一扇装有复杂安全装置的门。在尝试了各种开门组合之后，警察不得不求助于福尔摩斯。福尔摩斯仔细观察了这个奇怪的装置，然后得出以下结论："要开门，所有的灯都得关上……"

警察插嘴道："这就是问题所在！当我把亮着的灯关上时，其他的灯就亮了。我没有办法把所有灯关掉。"

福尔摩斯确认道："的确是的，这很棘手。你要做的是同时切换两个相邻的开关。"

有了这个宝贵的建议，你怎么把所有的灯都关掉？

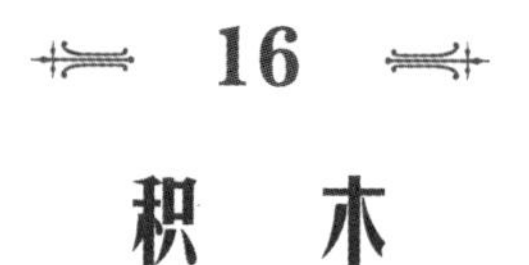

16

积　木

阿克顿先生问："你到底是怎么把这些积木拼起来的？"福尔摩斯的解释给他留下了深刻印象。

这位著名的侦探谦虚地回答说："哦，通常这只是如何正确看待事物的问题。"他拿起一套仿古建筑模型的部件，接着说："看看这些小木块，它们看起来都很不一样。其实这取决于你如何看待它们。"

下图中有多少种不同的结构？

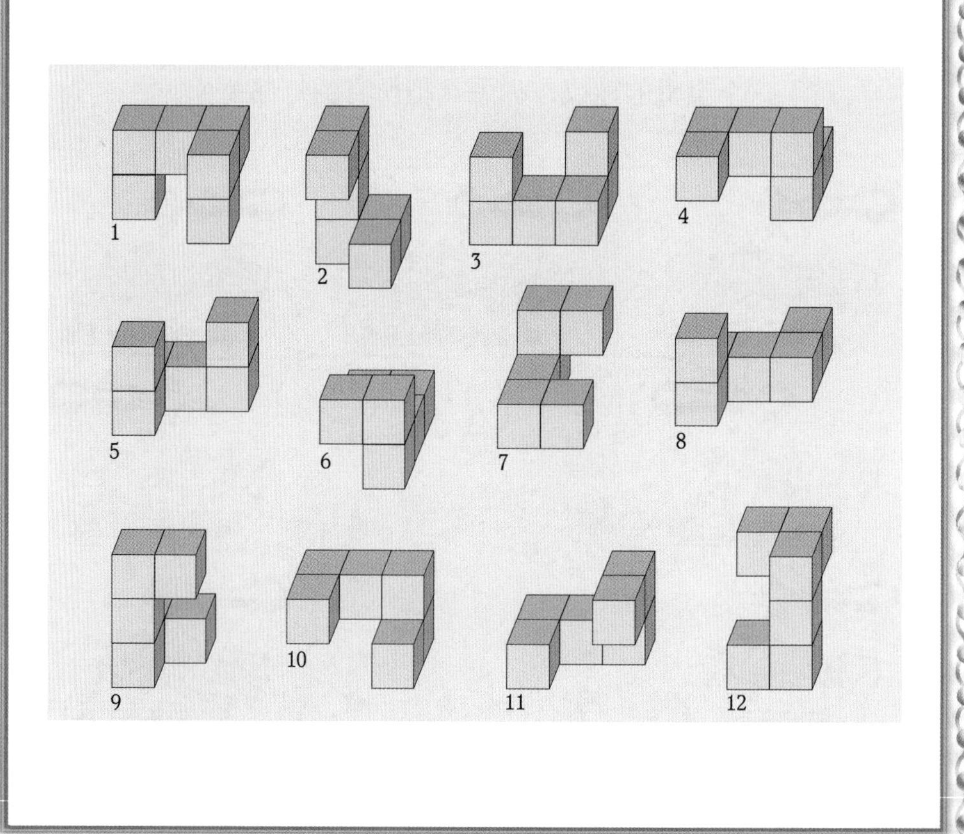

17

迷 宫

福尔摩斯的调查有了结果，阿克顿先生很高兴，邀请福尔摩斯到他家做客，并自豪地向他展示了正在花园里建造的迷宫。

他对福尔摩斯说："我们的想法是，一个人从这里进入，可以通过3个出口中的任何一个离开。"

福尔摩斯提醒道："要做到这一点，你必须移开5块障碍物。"

为了让从左上角进入迷宫的人可以通过3个出口中的任何一个离开，必须移除哪5块障碍物？

18

象棋挑战

成功地解决了赖盖特难题后，福尔摩斯悄悄地回到休养的地方，继续通过解决象棋难题来激活大脑。

看到有3个白后和不少于17个黑兵，华生问道："这盘象棋到底是怎么回事？"

福尔摩斯恶作剧地笑着回答说："这是一道特别的福尔摩斯式难题！我打败了两个侵略者，所以我要试试3个后！你能把3个白后放到棋盘上，使每个黑兵都受到立即被吃掉的威胁吗？"

记住，后可以吃掉任何其他棋子，无论它们在水平、垂直或对角线上，而且距离不限。

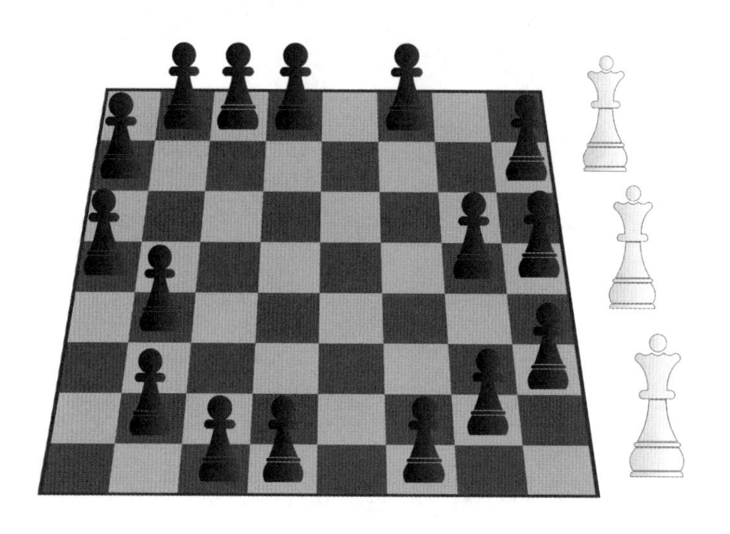

这里已是此次旅程的最后一站。

第5章

希腊翻译员

在侦破一些案件时，夏洛克·福尔摩斯主要运用他超强的大脑进行分析推理，不参与太多的行动就能把事情搞清楚；但在另一些案件中，他又是参与行动来揭示真相的积极分子。在《希腊翻译员》这个案件中，夏洛克·福尔摩斯几乎没有参与解开谜团的行动，尽管他大部分时间都在奔波，但他对事件的进程影响很小。尽管如此，柯南·道尔的读者还是经常把《希腊翻译员》列为他们最喜欢的故事之一。毫无疑问，这是因为这里出现了哥哥迈克罗夫特·福尔摩斯这个出色的冷漠角色。

我们还见到了梅拉斯先生，作为这个故事中的翻译员，他展现了众多与夏洛克相同的品质，尤其是他获取信息的能力。在一个场景中，他被绑架了，他在绑架者面前问询另一位被绑架者，而绑架者却没有意识到他们在进行秘密交流。你会发现，这种隐藏信息的技能对解决难题非常有用！

1

关 键 词

当福尔摩斯和华生来到伦敦警察厅时，他们发现格雷格森探长紧盯着一组筹码，心情很不好。

探长抱怨道:“这些卑鄙的假币制造者！他们通过代码交流，我找不到关键词。我只知道我必须把这些筹码放进适当的槽口。要求是:‘一个梅花必须在两个红桃之间，两个黑桃是相邻的，红色的筹码不能放进红色的槽口中，绿色的红桃不能和黑桃相邻。’你怎么理解这些规则?”经过片刻的思考，福尔摩斯把筹码放到正确位置，这使得探长更为恼火。

他抱怨道:“不，你必须把它们翻过来，让背面的字母出现。”福尔摩斯顺从地翻过筹码。

探长得意地说:“你看！这没什么意思！”

福尔摩斯平静地回答:“这只是开始，然后按字母的顺序取第一个字母后的第一个字母，第二个字母后的第二个字母……结果会怎么样?”

福尔摩斯是对的。关键词是什么?

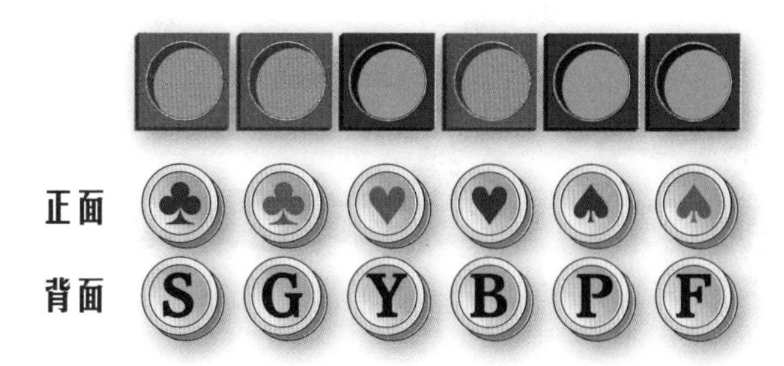

2

武　器

在出发营救第二次被绑架的希腊翻译员之前，每个人都意识到这可能是一项极危险的任务。小组的每位成员——或者说几乎所有的人——都带了一件武器。迈克罗夫特带着他的自来水笔，这在新闻界确实是一件可怕的武器，但对付绑匪可能不会那么有效。至于其他人带了什么——这件事需要稍微说明一下：

- 如果夏洛克随身带着一把折刀，那么探长的助手巴里就带了一把左轮手枪。
- 如果华生带了一把匕首，那么巴里就带着一根棍子。
- 如果格雷格森探长随身带着匕首，那华生就带着一把折刀。
- 如果夏洛克没带一把折刀，那华生就带了一把匕首。

他们各自带着什么武器?

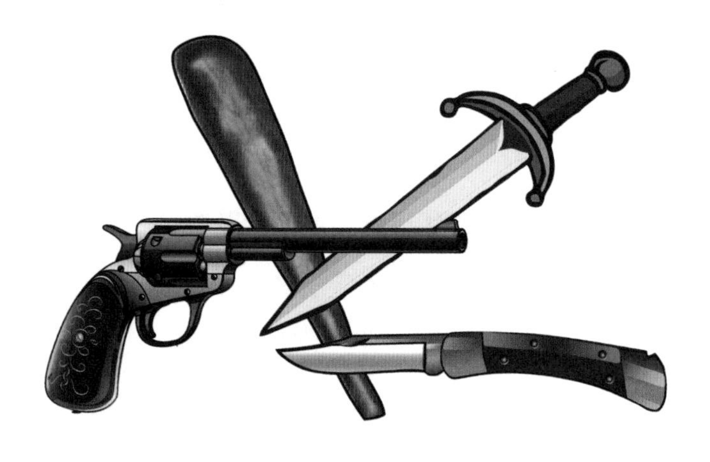

3

三桥路线

囚禁希腊翻译员的小屋可能位于偏僻的地方，福尔摩斯和他的同伴向当地警察问路。

警察回答说："没那么远，但是发洪水了，唯一安全的就是通过不超过3座桥（桥上或桥下）的一条路线。"

找到这条路线！

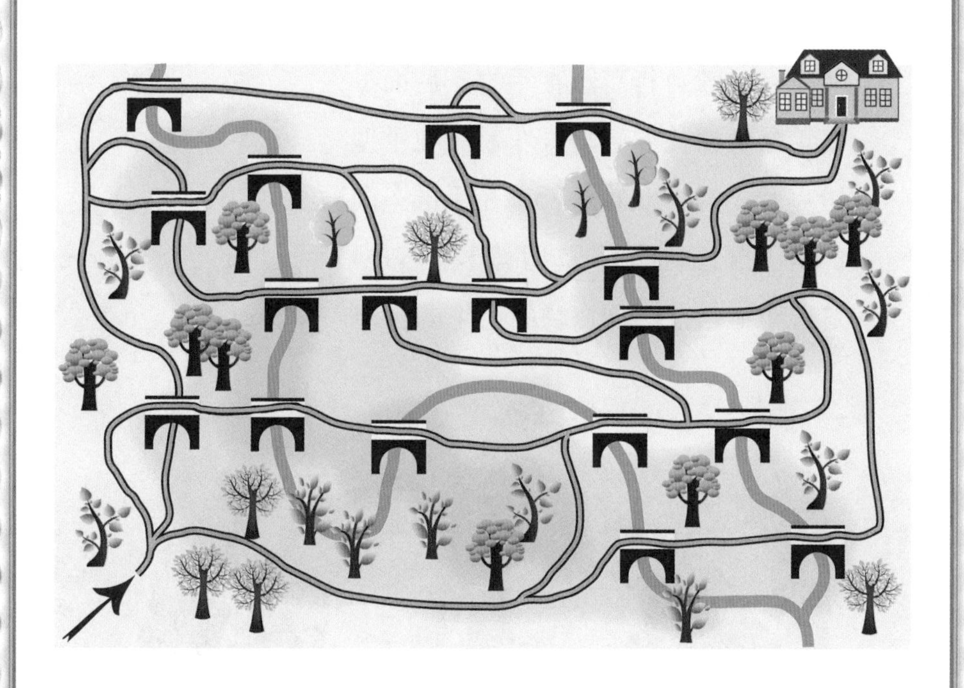

4

车 辙

当夏洛克和他的同伴们来到默特尔家时，小屋已空无一人，泥泞车道上的许多车辙表明，房客们已匆匆逃走了。夏洛克很容易地辨认出这些车辙是轻型马车、重型马车、手推车、独轮自行车和双轮自行车留下的。小组的每位成员都解释了这些车辙产生的顺序，但其中有一个解释是错误的。

夏洛克：轻型马车通过后，又通过了3种不同的车。

华生：独轮自行车跟在手推车后面。

格雷格森探长：轻型马车紧跟在重型马车和手推车之后。

迈克罗夫特：双轮自行车在手推车前面经过。

巴里（探长助理）：重型马车显然是最后通过的。

这些车辙是按照什么顺序产生的?

5

古董餐具

希腊翻译员成功逃脱且确保安全后，警察就在房子周围搜寻绑架者的线索。他们找到了这些附带价格的古怪餐具。这意味着什么？房子的主人是否与一些古董买卖有关？

探长的助手问道："我想知道，为什么中间的那套餐具没有价格？"

福尔摩斯评论道："嗯，每一套餐具似乎都有固定的价格，所以应该不难推算。"

推算出那套餐具的价格。

6

书籍的摆放

在破门搜查桃金娘小屋后，回来的路上，福尔摩斯问华生："你注意到那本书了吗？"

华生答道："我没注意，你说的是什么书？"

福尔摩斯说："你知道吗，放在楼梯口书架上的那些书是乱中有序的，但其中有一本的装帧是错的！"

华生惊讶地看着他的朋友说："你是说，当我们冲上楼梯去救可怜的梅拉斯先生时，你还有时间看书？"

福尔摩斯确认道："好吧，你得承认这是事实。这真是太棒了！"

福尔摩斯说的是哪本书？

7

填　空

迈克罗夫特和这位希腊翻译员在很多日报上刊登了一则征询信息的广告，以进一步探讨这一问题。他们得到了一些答复。

华生递给夏洛克一张脏兮兮的纸条，评论道："这条虚线处省略的内容，是任何傻瓜都能看出来的——最起码大多数人都能给出答案，虽然有可能有些人不愿直接给出答案。"

夏洛克说："我认为有人在括号里写了一串数字，那意味着可能有4个……实际上5个答案。"

找到至少3个可能的答案。

> 你们寻找的人居住在兰森路上的一幢房子里。如果你把它的门牌号之前的所有门牌号（　）加在一起，你将得到数字21。

8

兄 弟

在告诉华生自己有一个哥哥后不久，夏洛克邀请华生到第欧根尼俱乐部见他的哥哥。于是他们来到一个非常古怪的俱乐部，在安静的氛围中，华生第一次见到了迈克罗夫特·福尔摩斯。当时有6位先生在场，然而每一位都对其他人漠不关心。

华生低声问道："哪位是你哥哥？"

夏洛克回答说："他在撒迪斯的左边，在奥贝迪亚的右边。"

华生默念道："他们在哪里？"

"奥贝迪亚和巴索罗缪之间有两个人。以诺不在鲁本的右边，但（在几个人中）比迈克罗夫特和巴索洛缪更靠右。"

哦！华生终于发现了那位难以捉摸的兄弟，叹了口气。

你能找到迈克罗夫特吗？

9

查找扑克牌

在第欧根尼俱乐部，迈克罗夫特全神贯注地思考怎么玩牌。他沉迷于一种非常福尔摩斯式的推理活动。他挑战自己设计一个问题，适用于所有这些扑克牌，且只有唯一的解决方案。

在下面的例子中，他设计了以下问题：哪张牌与3张牌的花色相同，与另外3张牌的点数相同，并且与另外3张牌来自同一副牌？不多不少，正好3张。这里共有4副牌（红、绿、蓝、灰），可以通过每张牌的背面颜色来区分。

哪一张是迈克罗夫特想要的牌？

10

迈克罗夫特

夏洛克向朋友描述他哥哥冷漠的性格，并特别提到他是：

把上图中的词语碎片按正确的顺序排列成一句话，构成夏洛克对他哥哥的描述。

11

多种自行车

迈克罗夫特对数字有着非凡的能力，因此，他有时会以一种不寻常的方式表达自己。谈到附近一家商店库存的自行车，他说："不算24个轮子，詹金斯剩余的车都是独轮车；不算24个轮子，詹金斯剩余的车都是双轮车；不算24个轮子，詹金斯剩余的车都是三轮车。"

夏洛克太熟悉这种推理了，他立刻就搞清楚了答案，然而华生觉得有点难。

你呢？詹金斯分别有多少辆独轮车、双轮车和三轮车？

12

脚　印

迈克罗夫特和夏洛克相互竞争，看看能从司空见惯的脚印上收集到多少信息。在这里，他们看到了熟悉的一群男孩的脚印，于是高兴地将脚印与相应的男孩对应起来。

除了一只脚印外，所有的脚印都是成对的，左脚印带有一个男孩名字的开头，右脚印带有这个男孩名字的结尾。

夏洛克很快给出了那个只留下一只脚印的男孩的名字。你知道这个男孩叫什么吗？

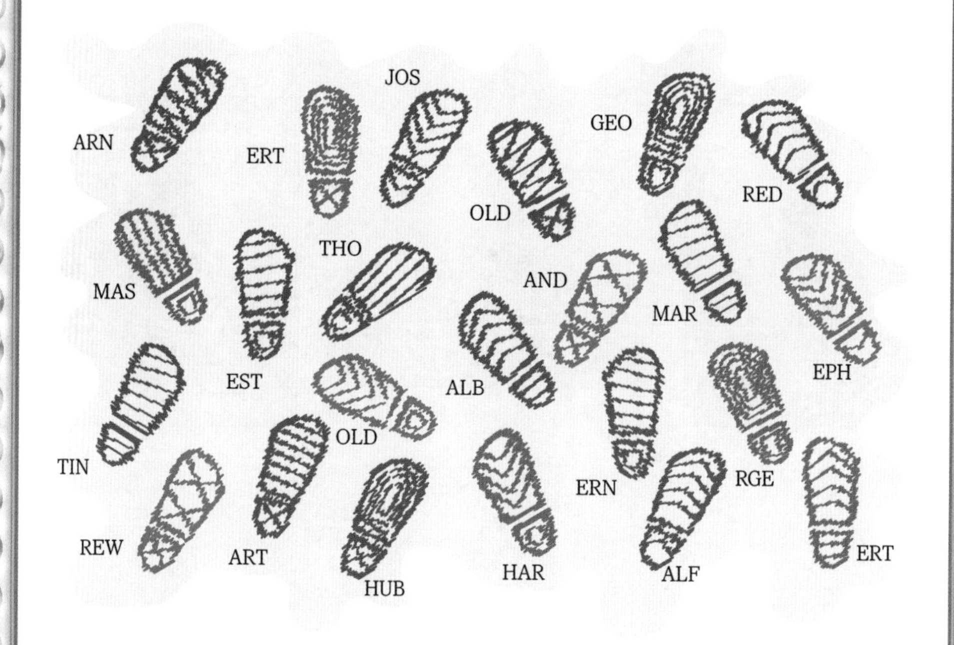

13

翻译员

希腊翻译员——梅拉斯先生是一位重要人物，因为他是当时伦敦唯一一位可以直接将希腊语翻译成英语的人。福尔摩斯指出，没有这位翻译员，唯一的解决办法是找到4位不同的翻译员（从希腊语翻译到语言1，然后从语言1到语言2，以此类推）。

然而在下图中找到一条只有4位翻译员的链并不容易，你如何安排下面的翻译员？

14

马车装饰品

可怜的希腊翻译员发现自己被锁在一辆马车里，窗户上贴满了纸，还有一位凶神恶煞的看守人，手里拿着一根看上去很可怕的棍子。马车走了将近两个小时，为了让自己不感到恐惧，翻译员不断地想其他事。

福尔摩斯被这个冷静而自制的人迷住了，问道：“那你都做了些什么？”

翻译员出乎意料地回答说：“我把我所有能看到的东西都分割成5部分！”

马车用不同的饰带装饰着，梅拉斯先生将每一条饰带分割成5部分，每部分都具有相同的特征。

你能吗？

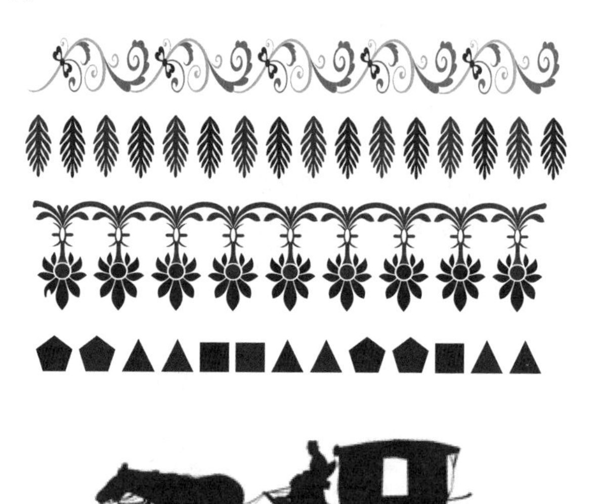

15

距　离

福尔摩斯问希腊翻译员："你觉得你坐的那辆马车走了多远？"他本以为会得到一些模糊的估计，但梅拉斯先生给出了一个非常确切的答案。

福尔摩斯有点怀疑地问道："你怎么会有这么精确的估计？"

梅拉斯先生说："当我进入车厢时，我看到大轮子的顶端到了我的肘部，它有1.5码高，也就是说轮子的周长是4.7码。后来在行进中，我注意到这个轮子每次经过顶部的挡泥板时都会发出奇怪的'咔嗒'声。我本能地计时，每分钟有56次'咔嗒'声。因为我们离开的时候是七点一刻，我的表显示我们到达的时候是九点差十分。因为一英里有1760码，所以我只需计算一下。"

福尔摩斯被这个一丝不苟的人逗乐了，并且留下了深刻的印象。福尔摩斯问自己是否能得出同样的结论，结果他做到了。

你说马车走了多远？

16

脸上贴满膏药的人

希腊翻译员不得不辨认一个脸上贴满膏药的可怜人。绑架者为了他不被人认出来，给他的脸上贴满了膏药。在警察艺术家的帮助下，翻译员必须说出下面哪幅画像最像脸上贴满膏药的人。福尔摩斯看着这些画像，脑海中却在构思一道谜题。

在你看来，图中的哪张脸最像8号脸？

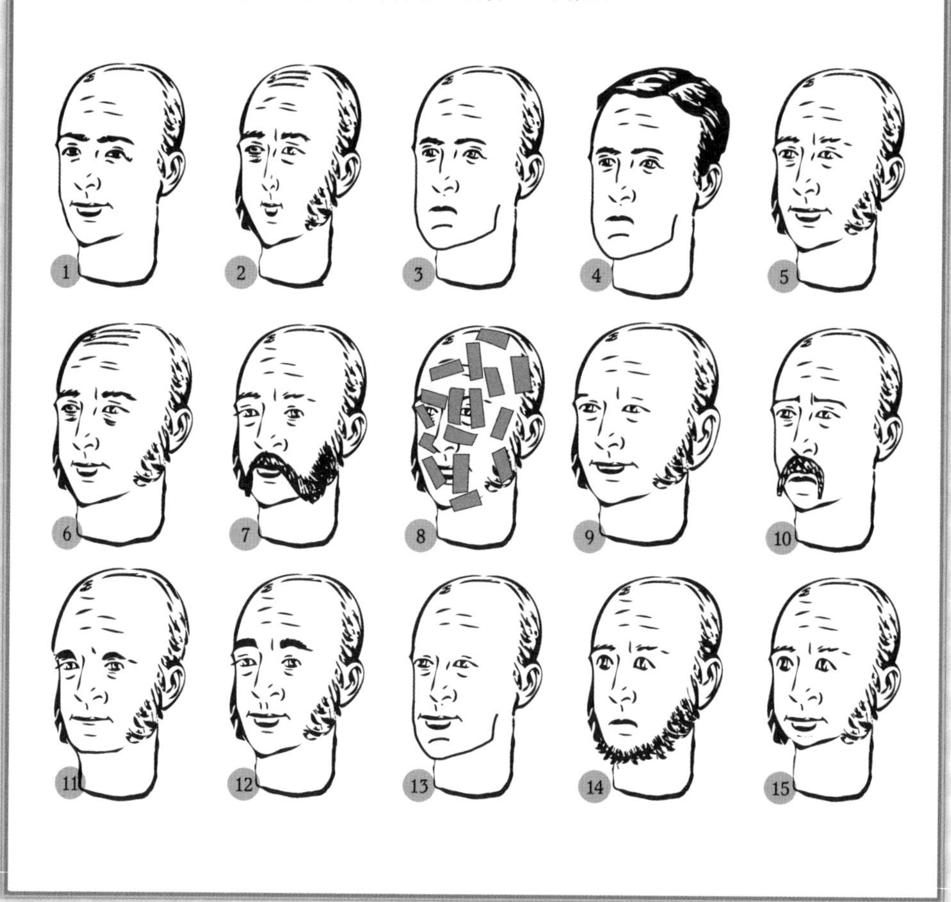

17

花样繁多的座钟

在绑架者释放了他之后，尽管曾受到威胁，梅拉斯还是向警方讲述了他的遭遇。当他提到囚禁他的房间里有一个座钟时，警察突然来了兴趣，希望能从中找出一伙正在该地区作案的小偷的线索。

“这个钟是什么样子的？像这样吗？”

梅拉斯先生认真地看了看警察拿着的照片。

“嗯……那只座钟不是没有钟摆的那只。我看到的座钟有一个圆形的钟摆，没有吊坠。它也不是跟其他座钟时间显示不一样的那只，它也没有支架。它没有标注制造商的名字，钟的表面也没有数字。它既不是这里面最高的，也不是最矮的。”

这唯一的座钟是哪一只？

18

华生的版本

福尔摩斯问他的朋友："华生，到这个阶段，你如何做总结呢？"

华生边思考边回答，但他的回答语无伦次。请组织下列短语，形成连贯的叙述。

一个名叫哈罗德的男人引诱她

找一个翻译，然后选中了梅拉斯先生。

不小心将自己置于这个年轻男人

签署一些文件，以骗取女孩家族的财产。
苏菲的哥哥拒绝这样做。

为了说服他，他们不得不

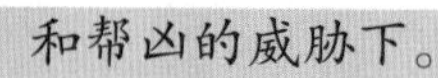

和帮凶的威胁下。

一个名叫苏菲的希腊女孩来到英国旅游，

他们对他使用暴力，为了让他

和他私奔。苏菲的哥哥从希腊赶过来，

第6章

布鲁斯·帕丁顿计划

这篇《布鲁斯·帕丁顿计划》可以看作是现代间谍故事的先驱，其中包括被盗的军事计划、国际特工、谋杀和背叛等各种元素。然而它也是侦探在烟雾弥漫的伦敦进行的一次奇妙的、令人激动的冒险。烟雾在这个故事中扮演着重要的角色，它隐藏了平时可以看到的东西，使一切都显得神神秘秘。

夏洛克·福尔摩斯表现很好，他质疑显而易见的事情，并且发现不太可能的事情有时是唯一可能的解释。这个故事也让人想起了那个了不起的人物——魁梧而冷漠的迈克罗夫特·福尔摩斯。我们发现，迈克罗夫特在政府中的作用比以前所认为的要重要得多，但在这个故事中，他遇到了麻烦。一艘绝密潜艇的设计图被盗了，他们必须把它从外国间谍手中夺回来。很幸运，他得到了聪明弟弟的帮助。

你必须磨砺你的聪明才智，保持夏洛克的高水准，找到办法解决本章所有的难题。

1

雾 天

浓雾笼罩着伦敦，旅行和任何其他活动都变得几乎不可能。可怜的福尔摩斯极度焦躁不安，渴望在这个灰色的雾蒙蒙的天气中有所行动。

福尔摩斯进行了一次短暂的散步，途中，雾是如此浓密，以至于他很难看清沿途各个时钟显示的时间。

你知道，他是按什么顺序经过这些时钟的吗？

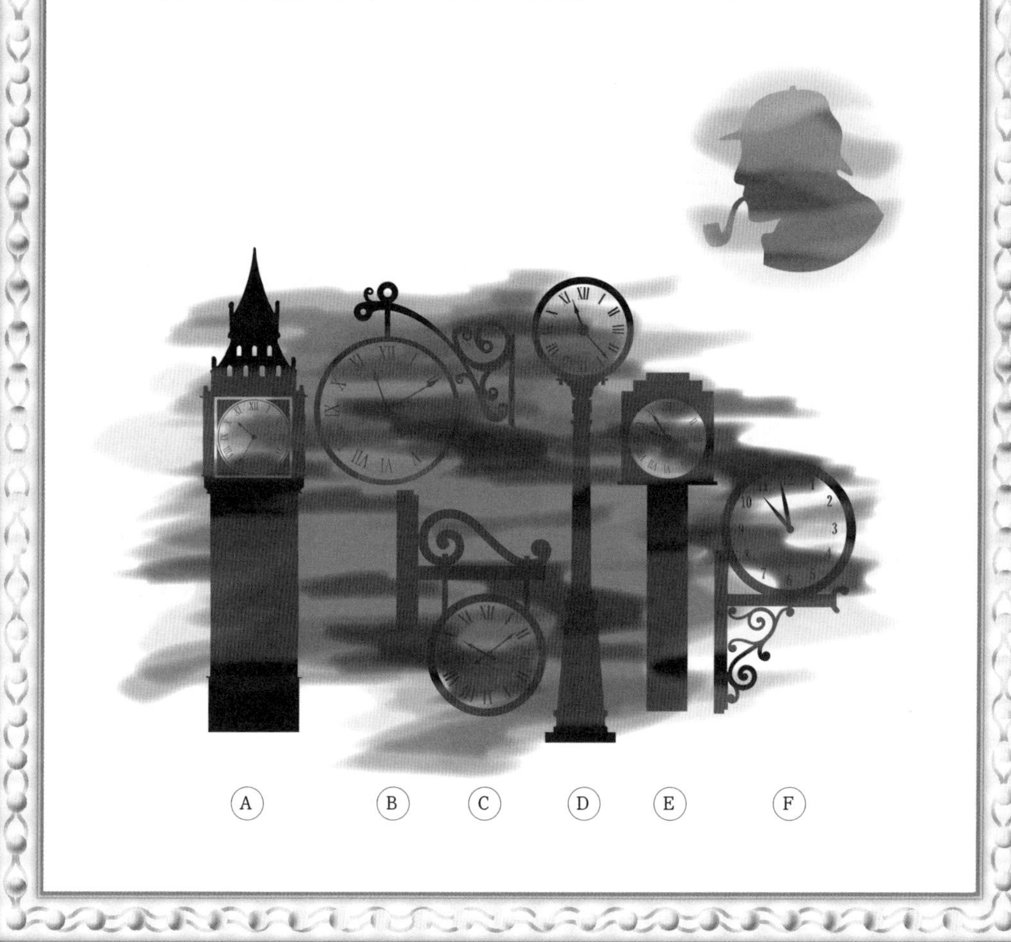

2

时 间 表

卡多根·韦斯特是一名与被盗绝密计划有密切关系的员工，他的尸体在铁轨上被发现。

华生问道："为了便于讨论，我们假设卡多根·韦斯特在7:45进入威斯敏斯特火车站，那么他能在10:00前到达阿尔加特吗？前提是火车站目前采用这一张奇怪的时间表，其他工作和车站暂时关闭。"

福尔摩斯确认道："如果他对时间表有充分的了解，那么是有可能的。"

在下面的时刻表上找出7:45从威斯敏斯特出发，10:00前到达阿尔加特的行程。

上行			下行		
• 8:26		南肯辛顿	• 7:54		• 8:29
		斯隆广场		• 8:19	• 8:39
• 8:08		维多利亚	• 8:12	• 8:27	• 8:47
	•10:11	圣詹姆斯公园		• 8:38	• 8:54
• 7:53		威斯敏斯特火车站	• 8:27		• 9:02
	• 9:53	查林十字街	• 8:47		
• 7:32	• 9:42	坦普尔			• 9:23
		黑修士剧院		• 9:21	
• 7:21	• 9:31	市长官邸站			• 9:34
	• 9:27	坎农街	• 9:29	• 9:25	
• 7:11		纪念碑		• 9:46	• 9:44
	• 9:16	马克街		• 9:56	• 9:50
• 7:00	• 9:11	阿尔加特			• 9:57

3

秘密计划

华生问道:“为什么要冒着被抓的风险带走文件，而不是照抄一份呢?”

詹姆斯爵士回答说:“因为文件太复杂了，很难不犯错地照抄下来。以下面这个为例，这是一个非常能干的绘图员抄绘的，但他仍然犯了10个错误，这将造成致命的后果。”

找出这10个错误。

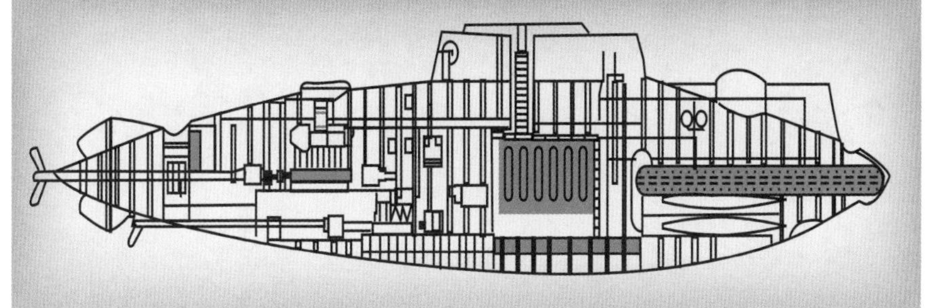

4

肖像画廊

福尔摩斯问海军部秘密文件的官方守护人约翰·沃尔特爵士:“你有被授权查看这些文件的人的名单吗?”

约翰爵士夸耀道:“我们有比这更好的!我们有3个被授权小组所有成员的姓名和肖像。看,它们在这儿。我向你保证,它们绝对都是无可指责的。”

下列的名字是随意排列的,不是按图片顺序排列的。把他们的名字和肖像配对。

P. J. 哈蒙德
O. D. 约翰史蒂恩
F. W. 卡思利
S. A. 马克西莫思

B. B. 德贝斯
P. J. 哈蒙德
S. A. 马克西莫思
R. H. 拉法尔斯

C. U. 克雷夫特
P. J. 哈蒙德
F. W. 卡思利
R. H. 拉法尔斯

5

钥 匙

福尔摩斯调查时得知，两个人拥有3把可以打开保险箱的钥匙。几年前共有5把钥匙，有8个人分别拥有其中的2把（每把钥匙都有备份）。然而，要拿到这些珍贵的文件，每把钥匙必须与备份配合一起使用。由于情况复杂，导致组合形式也发生了变化。

为了得到每把钥匙及其备份，你得求助5个人。你会求助下列的谁呢？

6

间谍大师

夏洛克问迈克罗夫特:“那么，现在的间谍大师都有谁?”迈克罗夫特回答说:“嗯，主要有3个，还有两个新贵也需要关注。他们分别是迈耶、拉罗西埃、奥伯斯坦、马拉维斯塔和沃洛维奇。看，我有他们的肖像，万一你遇到他们——”

夏洛克插嘴道:“啊哈，他们分别是谁呢?”

迈克罗夫特就是迈克罗夫特，他不给出一个直截了当的回答，而是费劲地解释:“正如你在这里看到的，迈耶在拉罗西埃的右手边。奥伯斯坦和马拉维斯塔之间有一个人，马拉维斯塔和沃罗西奇之间有两个人，而沃罗西奇就在法国人拉罗西埃的旁边。好了，现在你什么都知道了。”

你能给出每幅肖像对应的人名吗?

7

分　类

福尔摩斯仔细检查了被盗文件的文件夹。他问店员："那么，哪些文件不见了？"

高级职员咕哝着说："我，呃，不能说……但是，我可以说，呃，不考虑字母编号，3份被盗文件夹上的数字总和为95。"

福尔摩斯说："我明白了！"

哪些文件夹里的文件被盗了？

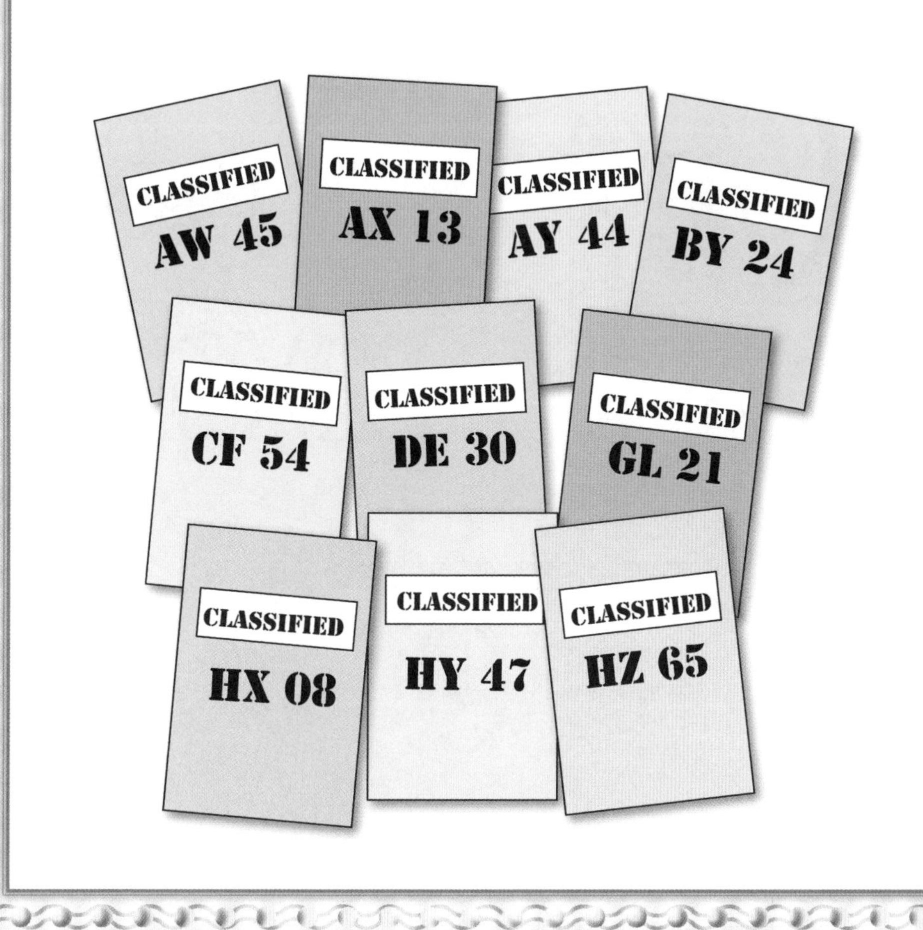

8

传送带

正如福尔摩斯所发现的，在布鲁斯·帕丁顿潜艇的许多秘密特征中，有一个是复杂的传动带装置。当然，这在被盗文件中有详细的解释。

下面是这个装置的一个小而简单的示意图。如果大轮按图示方向转动，其下方的皮带是向上还是向下？

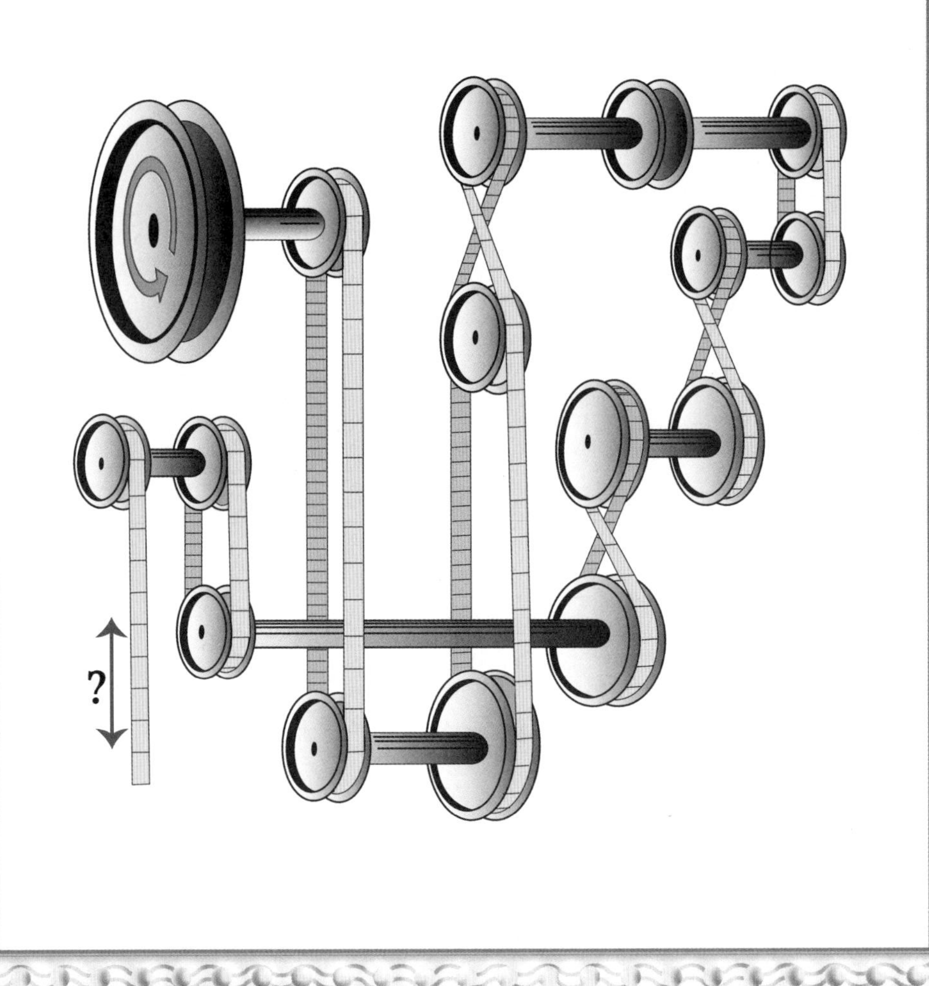

9

序 列

福尔摩斯去了伍里奇兵工厂的办公室，他惊讶地注意到，他们的一些“秘密”方法其实连全国的小学生都熟知。比如，为了标记一个序列，他们使用简单的成对符号系统。

例如，对于以下集合，从框A开始，移动到另一个至少包含两个与A相同符号的框，然后，从该框继续移到另一个同样共享两个相同符号的框，依次类推，找到一条遍历这9个框的路线。还有，序列的最后一个框是哪一个？

10

谚 语

当福尔摩斯暗示卡多根·韦斯特曾待在车顶而不是车厢内时，华生反驳说这是最不可能的。对此，福尔摩斯回答说：“古话说得好，那就是……”

只要沿着虚线，正确地从一个气泡移动到另一个气泡，就可以完成福尔摩斯的回答。

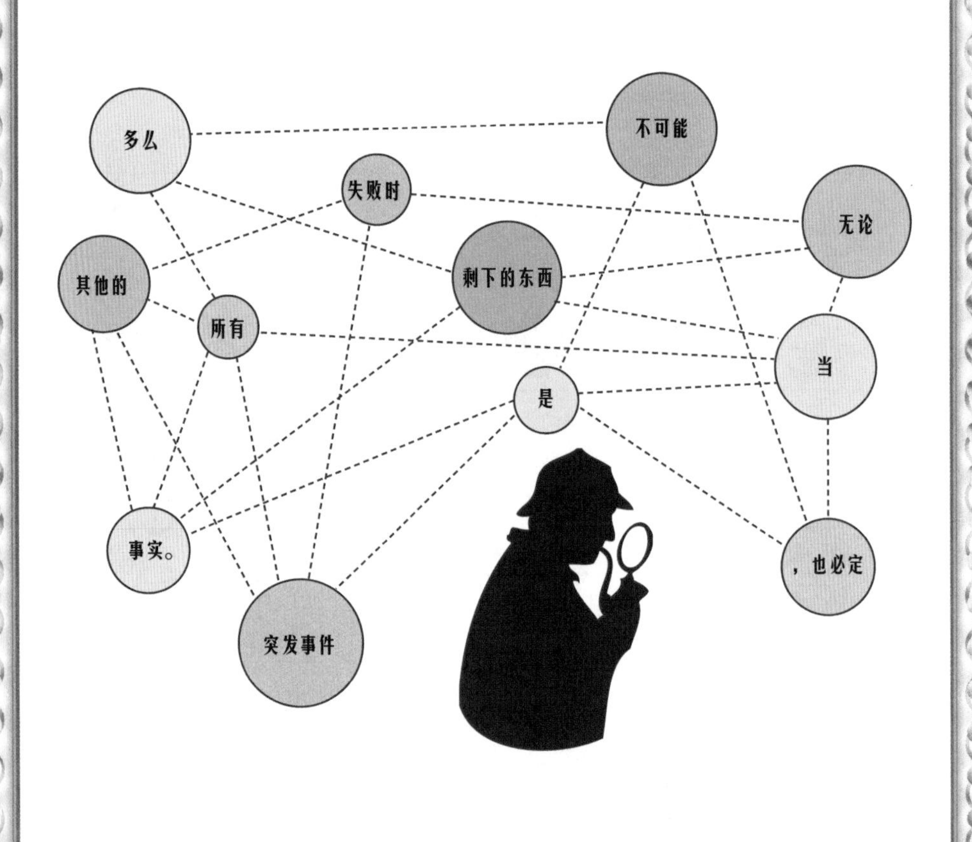

11

警方的报告

福尔摩斯应警察局邀请参加一个会议，讨论卡多根·韦斯特的案子。会上福尔摩斯保持沉默，他继续消化有关案子的情报，完善自己的想法。

目前成立的假设是，卡多根·韦斯特的尸体是从一辆正在行驶的地铁车厢中扔到轨道上的。

以下是警方关于这起案件的一些陈述：

· 只有能进入轨道的人才能移动尸体。

· 尸体失血过多。

· 唯一能进入轨道的员工拥有打开车厢门的专用钥匙。

· 在任何车厢里都没有发现打斗迹象。

· 尸体太重了，一名资深员工搬不动它。

· 尸体附近的轨道上没有发现血迹。

· 只有资深员工才能进入轨道。

下面是一些结论，哪些在逻辑上与前面的陈述一致？

A. 一定是一名地铁员工把卡多根·韦斯特从车厢里扔了出来。

B. 因为尸体附近没有发现血迹，它一定是被移动到这里来的。

C. 受害者一定是在车厢里被杀的。

D. 一名资深员工显然要对这起谋杀案负责。

E. 证据表明，成立的假设在某些方面是错误的。

12

“窃贼”的工具箱

福尔摩斯让华生带着强闯民宅必需的工具去见他。破门而入不是华生的习惯，他不得不去附近的商店购买工具。

销售员是个态度冷淡、脾气暴躁的人。他告诉华生，下图中每一堆工具的售价分别是15英镑、16英镑、18英镑、26英镑、28英镑和36英镑。如果他只想买其中的部分工具，那么他必须算出每件工具的精确价格！

华生需要一盏灯，他需要支付多少钱？所有工具的价格都是整数。

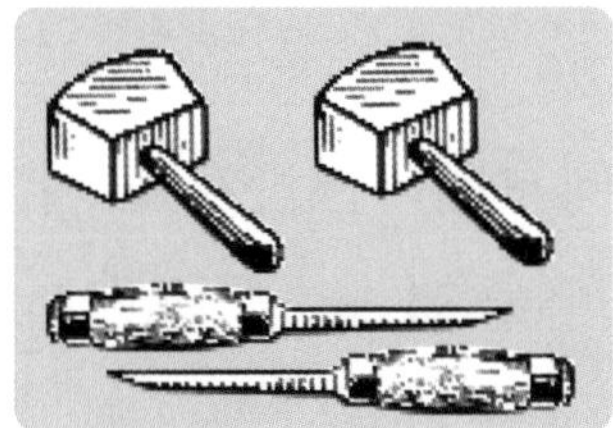
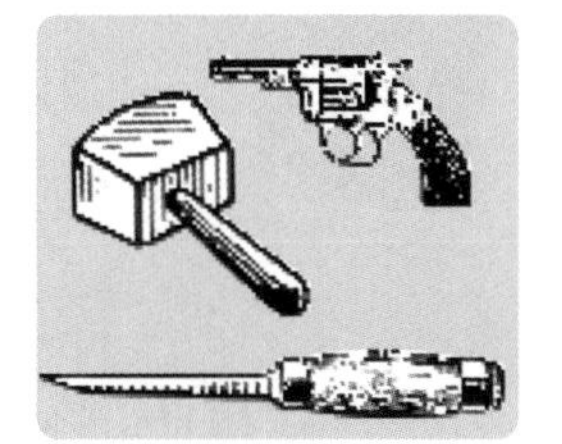
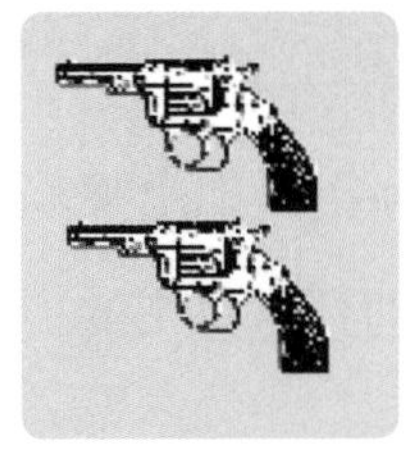

13

编码警告

在考尔菲尔德庄园的房间里搜寻时，福尔摩斯翻阅了数不清的书，打开盒子，阅读笔记、备忘录、信件，筛选出所有可用的证据。

然而，有一个信封他没有打开。当华生问他为什么时，他回答说："上面有个小格子，我相信这是对收信人的一个警示。我在别处见过这种报警编码。你看到绿色的正方形了吗？好吧，你还得把另外3个正方形涂成绿色，让它们在不同的行和列上。接着用同样的方法涂红色正方形。然后在绿色方块上读出第一个单词，在红色方块上读出第二个单词，在未着色的方块上读出第三个单词。"

你能读出这3个单词吗？它表达了什么信息？

P	O	D	O
O	I	S	P
E	O	N	N
E	T	N	D

14

镇　纸

福尔摩斯在考菲尔德庄园一个又一个房间里寻找证据时，偶然发现了这些小小的装饰立方体，可能被用作镇纸。

华生评论道："有这么多相同的物体。真奇怪！"

福尔摩斯纠正道："不，不是所有的都一样，有一个立方体和其他的不同。"

找到那个与众不同的立方体。

15

混合的反义词

福尔摩斯发现了叛徒的身份，他大吃一惊，大声喊道："华生，这次你可以把我记下来了！"这一不寻常的自我批评源自这样一个事实：在这场冒险中，矛盾和冲突深深地交织在一起。

在这种情况下，你会发现相互矛盾的词语混杂在一起，几乎让人无法理解。在下面的每组字母中，一对反义词混杂在一起，不过每个单词的字母顺序没有改变。

找出这几对反义词。

提示：明亮/黑暗，聪明/愚蠢，不忠的/忠诚的，好奇的/漠视的，欺骗的/真诚的

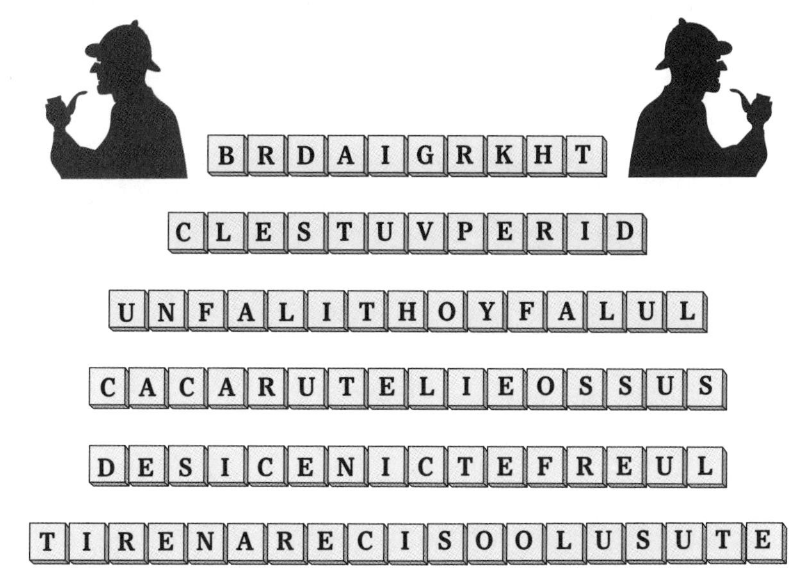

16

信鸽

为了明确调查方向，夏洛克想知道最活跃的间谍活动发生在哪里。迈克罗夫特给他看了一份特勤局关于欧洲最繁忙的信鸽路线的报告。信鸽传递信息是间谍经常使用的通信手段。

夏洛克说：“我知道我们应该把注意力集中在哪里了。”

将其上有相同数字的旗帜连接起来，即是信鸽的飞行路线。最繁忙的交会点在哪里？

17

沉甸甸的毒药

解决一个最复杂的案子似乎还不足以让他的大脑忙碌起来，福尔摩斯开始花时间研究有毒物质的相对质量。

首先他确定所有颜色相同的瓶子质量相同，然后他设法将这些毒药从轻到重进行分类。

借助下面的天平，你能推导出这些有毒物质的相对质量吗?

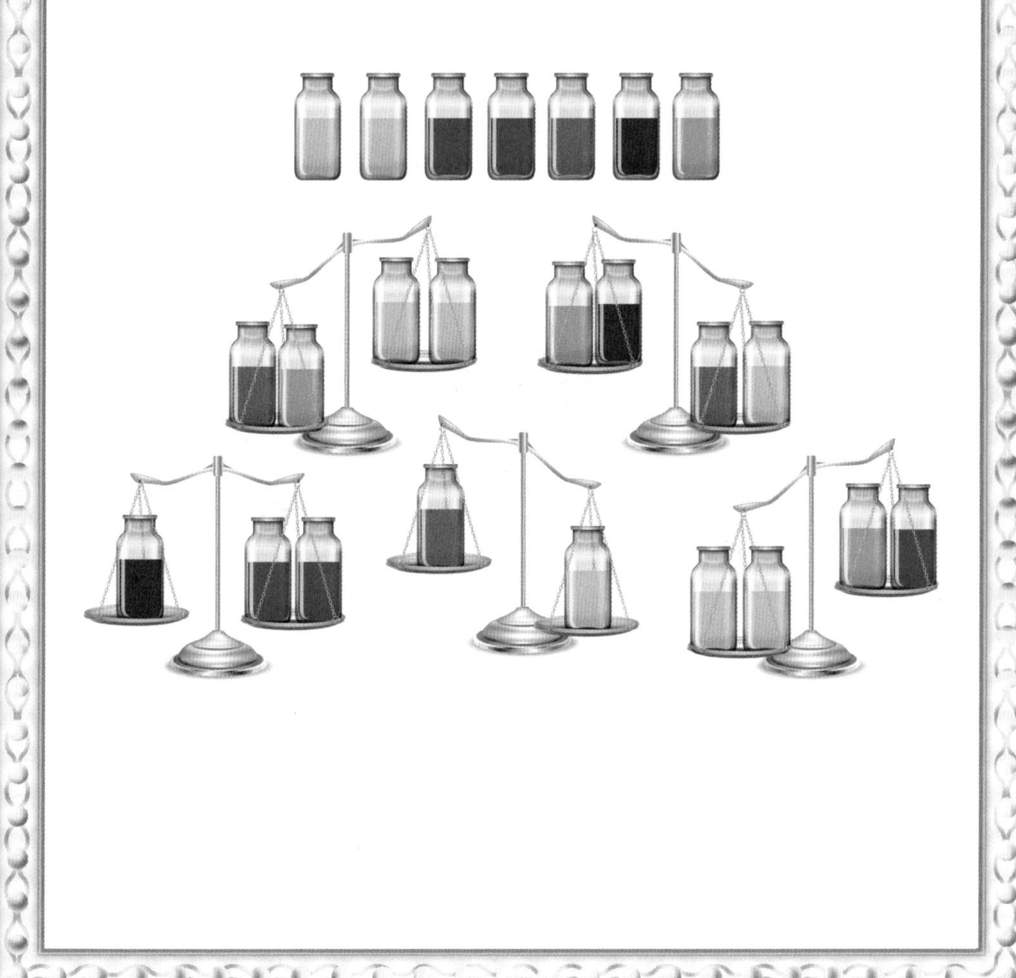

18

皇室的感谢

福尔摩斯在白金汉宫受到热烈欢迎，因为他在夺回秘密计划的行动中发挥了杰出的作用。他带着一个珍贵的翡翠领带夹离开白金汉宫，态度和他在这次冒险计划中一样谨慎。

请找出哪一个是福尔摩斯领带夹上的宝石，它与其他所有的宝石都不同。

亲爱的读者，做完这个谜题，你就完成了本书的最后一次冒险。

答 案

Answer

第 1 章

1. 轮廓4。

   周围其他轮廓与中间轮廓的差异：1持烟斗的手臂短；2扶手椅顶部不同；3小腿位置不同；5头部倾斜程度不同；6持烟斗手臂更垂直；7脚尖更上跷。

2. 1号钻石是东星，2号钻石是黄皇后，3号钻石是卡洛夫，4号钻石是王冠宝石。

   注：东星要么是1号，要么是2号，所以不可能是3号，也就是说2号是黄皇后。因此，2号不是东星，这意味着1号是东星，4号不是卡洛夫。既然卡洛夫不是4号，那么它一定是3号，这就剩下了4号是王冠宝石。

3. 王冠宝石 £90 000, 艾尔·迪斯蒂欧宝石 £4 500, 伯雷塞姆宝石 £3 700, 波塞冬宝石 £1 800。

4. X中应放置2号连接器。

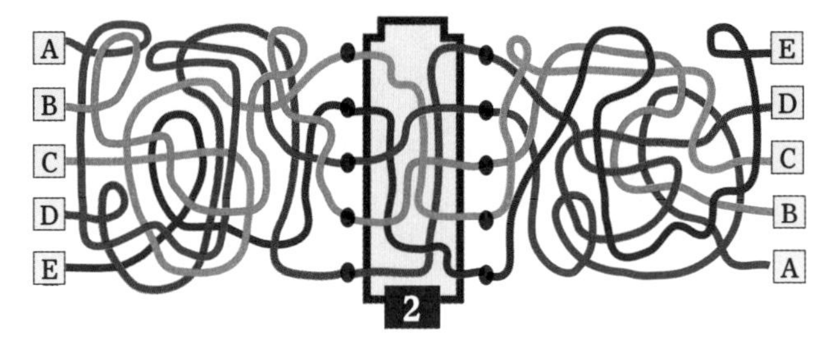

5. 福尔摩斯一直跟踪着4号人物。

   不是1号，他是位男士，但没有帽子；

   不是2号，她是位女士，但她手里没拿东西；

   不是6号，他有帽子但没有花；

不是3号，他手拿帽子，但是也拿着手杖；

不是5号，她戴着项链，但是看不到她的鞋子；

这样就剩下4号了。

6. 左图为坎特莱梅雷勋爵，坚信福尔摩斯会失败。

中图为首相，坚信福尔摩斯会成功。

右图为内政大臣，不确定福尔摩斯能否成功。

注：右边的那位先生既然提到首相，就说明他没在和首相说话。他不在和内政大臣谈话，因为和他讲话的人确信福尔摩斯会失败，而内政大臣却不确定。所以他只能是和坎特莱梅勋爵谈话（因此，坎特莱梅勋爵肯定福尔摩斯会失败）。所以，右边的那个人既不是首相也不是勋爵，所以他一定是内政大臣。左边的那位先生没有和内政大臣讲话（内政大臣不确定福尔摩斯能否成功，即右边的那位绅士），所以他是在和中间的绅士讲话，中间的绅士认为福尔摩斯会成功。由于勋爵认为福尔摩斯会失败，内政大臣不确定福尔摩斯能否成功，所以中间的绅士只能是首相。这样就剩下了坎特莱梅雷勋爵在左边。

7. 主人和随从的对应关系为：西尔维厄斯—萨姆，彼得罗维奇—汉克，达利斯—内德，格雷斯通—伯特，杰克沃斯—埃迪，哈维—伊恩，安吉利尼—格斯。

8. 编号为9的姿势是单独出现的。其余的姿势都是成对的：1—15, 2—6, 3—13, 4—12, 5—7, 8—10, 11—14。

9. 东区人帮7；教堂帮3；大人物帮9；聪明人帮2；专横人帮

5；拳头帮8；卡丁车帮4；小丑帮10；凯利人帮6。

10. Come back with the police。编码的关键是位置编号。第一条信息前面有数字136，表示将信息中的第一个字母在字母表中向后移位1个字母，第二个字母向后移位3个字母，第三个字母向后移位6个字母。因此Z+1=A，A+3=D，X+6=D，重复使用该规则。第二条信息前面有数字35，所以第一个字母向后移位3个字母，第二个字母向后移位5个字母，并且这个过程一直重复到最后。Z+3=C, J+5=O, J+3=M, Z+5=E等。
11. 可以去掉的称呼：YOUR LORDSHIP, MY LADY BARONESS, HIS GRACIOUS HIGHNESS。
12. 伞面上的空白区应该有3个白点和3个黑点。

    注：伞面上每个区域都有不同数量的黑点和白点，从0到6个不等，但缺少一个数字3。以顺时针方向转动阳伞，每间隔一个分区白色圆点的数量增加一个，所以空白区应该有3个白点。这个规则同样适用于黑点，但按逆时针方向转动。
13. 黑桃3。每组牌中红色牌的点数和两张黑色牌加起来的点数一样多。每组牌中有一张红色牌，一张梅花和一张黑桃。
14. PRISON。

Wealth	Poverty
Dated	Recent
Outside	Inside

Failure　　Success

Mandatory　　Optional

Clad　　Naked

15. 54年。刑期与偷窃的价值成正比，罪犯每偷5英镑就被判一天监禁。

1 000英镑获刑200天，即28星期+4天；

1 830英镑获刑366天，即1年+1天；

23 000英镑获刑4 600天，即12年（闰年再加4天）+30星期+6天；

100 000英镑获刑20 000天，即54年（闰年再加13天）+39星期+4天。

16. Action。

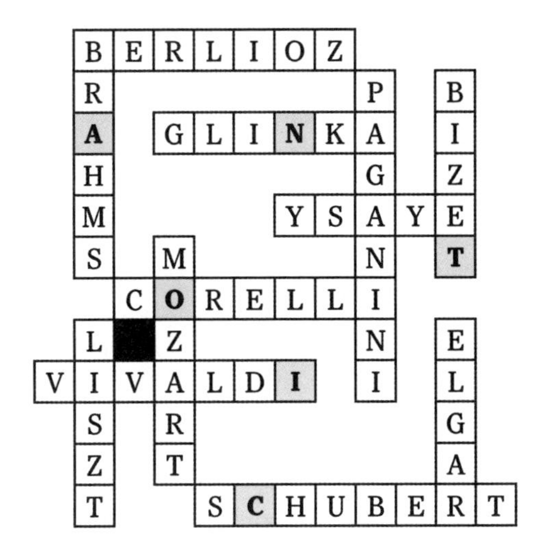

17. Precious（宝贵的，珍贵的）。

18. 第一排三角形中的问号为1，第二排三角形中的问号为10。

数字间的逻辑关系为：每个大三角形中的数字加上它上面的一个同边三角形中的数字的和总是等于15。第一排尖朝下的小三角形中的数字等于两边（尖朝上）的两个三角形中数字之差。

19. 10副手铐。除了两副手铐，其他所有的手铐都是连在一起的。

20. 立方体上的单词为：SUCCESS（成功）。右图的格子表示一个折叠的立方体打开后的样子。通过观察每个面上的字母相对于相邻面上字母的位置，就可以确定立方体上每一面的字母。

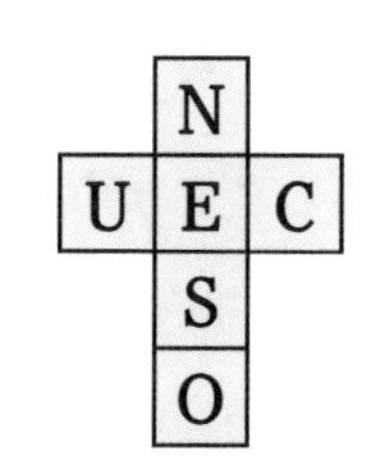

第 2 章

1. 请整理你的想法，然后让我知道是什么事件促使你来到这里。

2. 9号是斯科特·埃克尔斯先生。
   他的头发像14号的，眼睛像4号的，鼻子像2号的，嘴巴像3号的，胡须像10号的。

3. 事实上，加西亚打招呼的时候是午夜12点05分。加西亚当时说是凌晨1点，斯科特·埃克尔斯的手表（50分钟前）显示午夜12点10分。但他的表快了15分钟（根据教堂的时钟），所以手表应该显示晚上11点55分。但是教堂的钟慢了

10分钟，所以斯科特·埃克尔斯的手表最后应该显示午夜12点05分。

4. 结论1不对，早餐前离开维斯特里亚寓所的人都是外国人，但不是所有外国人在早餐前离开。

   结论2不对。所有的外国人都是可疑的人，但并非所有可疑的人都是外国人。

   结论3不对。所有住在维斯特里亚寓所的人在早餐前都消失了，但不住在维斯特里亚寓所的人也可以在早餐前消失。

   结论4对。所有住在维斯特里亚寓所的人在早餐前就消失了，早餐前消失的人都是外国人，所有的外国人都是可疑的人。

5. 拼音为：等你破译这封信的时候，福尔摩斯，我已在遥远的地方享受我的不义之财了。

   文本是乱的，只需交换每一对相邻字母的顺序。

   ed—de, gn—ng in—ni, 即 deng ni（等你……）。原文的字距保持不变。ahz oahi→hao zhai。

6. 房主的名字和房屋的名称中都有并列的2个相同字母，且房主名字中的这个并列字母在字母表里出现在房屋名称的并列字母之前。唯一的例外是Sir Clive Hammersmith — Old Fatham Hall，房屋名称中的并列字母（l）出现在他名字中的并列字母（m）之前。

7. 脸E和J相同。

8. 需要移除6块骨头。

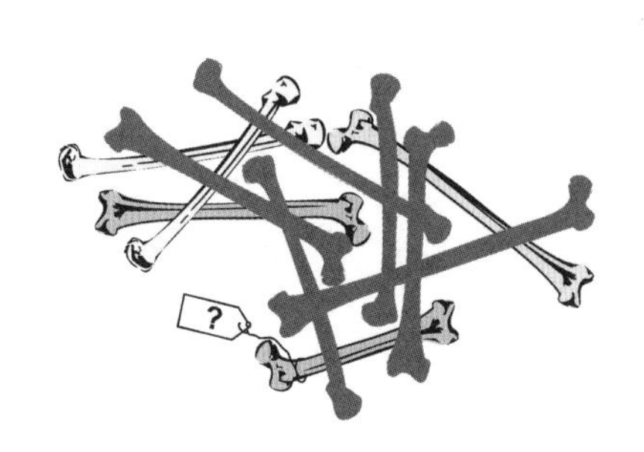

9. 如下图所示。

Fontheim	18045
Chalders	23604
Prescot	17113
Solweazy	20966
Parchet	18237
Total	97965

10. 亨德森先生55岁，伯恩特小姐44岁，卢卡斯先生35岁，伊利莎11岁，格拉迪斯9岁。

两年前伯恩特小姐（B）的年龄是格拉迪斯（G）的6倍：$B-2=6(G-2)$，即$B=6(G-2)+2$；

伯恩特小姐的年龄是比格拉迪斯大两岁的伊丽莎的4倍：$B=4(G+2)$；

这样就得到$6(G-2)+2=4(G+2)$，由此可得出$G=9$。

故格拉迪斯9岁，伊利莎11岁，伯恩特小姐44岁。

卢卡斯先生：$(B-G)$，即，$44-9=35$岁；亨德森先生：$(L+E+G)=55$岁。

11. 卢卡斯先生在1号房间，亨德森先生在2号房间，伯恩特小姐在3号房间，两个女孩在4号房间。

亨德森先生不是在橙色的就是在绿色的房间里。假如亨德森先生的房间是橙色的（1或3号），那么伯恩特小姐的房间有3扇窗户（1或4号），如果伯恩特小姐的房间有3扇窗户，那么卢卡斯先生的房间也有3扇窗户（1或4号）。因此，亨德森先生一定在3号房间，这使得两位女孩在2号房间。由于2号房间有一扇朝南的窗户，所以卢卡斯在一间绿色的房间里，即4号房间里。伯恩特小姐在1号房间。这意味着伯恩特小姐和两位女孩的房间是挨着的，所以卢卡斯先生应该在一个橙色的房间里，这与前面说的卢卡斯的房间是绿色的矛盾。因此，亨德森先生不在橙色的房间里。

如果亨德森先生在一个绿色的房间里，两位女孩也在一个绿色的房间（2或4号）里。两位女孩不能在2号房间（窗户朝南），因为这意味着卢卡斯先生在一个绿色的房间里，但都不可行。所以，女孩们一定在4号房间，亨德森先生在2号房间。这意味着伯恩特小姐和卢卡斯先生在橙色房间（1和3号），由于伯恩特小姐不能在1号房间，因为1号房间有3扇窗户，所以卢卡斯先生的房间有3扇窗户。但3号房间只有1扇窗户。所以伯恩特小姐在3号房间，卢卡斯先生在1号房间。

12. JACKAL。
13. 星期一必须有4朵同类型的花，且有一朵蓝色的花，故对应4号花束。

    星期二至少有一朵蓝花和三朵黄花：4号或1号，但4号花束已对应星期一，故星期二对应1号花束。

星期三，4朵相同类型的花及3到4种不同类型的花，故对应3号花束。

星期四有三朵黄花，只剩下5号花束了。

星期五至少有两朵白花，应该对应2号花束。

14. 答案如下图。

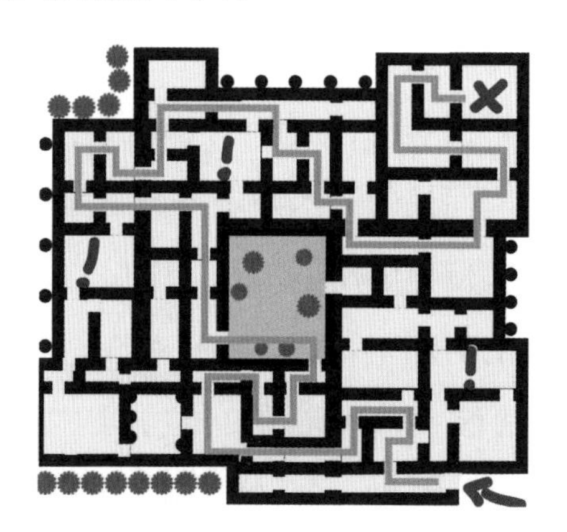

15. 伯恩特小姐脑海中的词为：REVENGE（复仇）。中间一列构成的词为TRAIN，如右图。

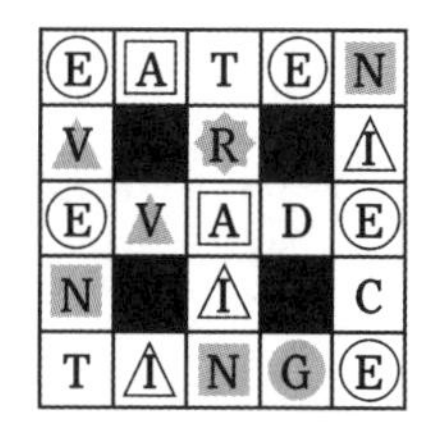

16. 伯恩特小姐乘坐的火车是中午12点10分离开的。

为了使火车的发车间隔时间相同，24小时内他们必须每4小时45分钟发一趟车。因此，我们有以下时刻序列：12:25—5:10—9:55—2:40—7:25—12:10。至于这些时间是上午还是下午，我们按警察的说法，说事件发生在“白天”，因此必须是中午12点10分。

17. 警察应该安置在4、5和11号路口。

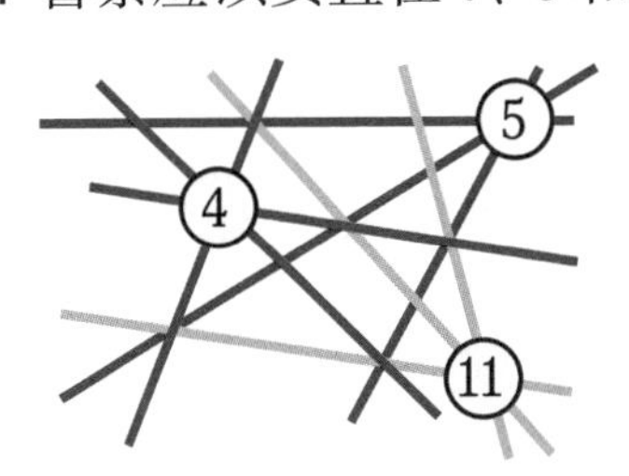

18. 比利时（Belgium）。他的路线：FRANCE—HUNGARY—RUSSIA—SPAIN—UKRAINE—GERMANY—BELGIUM。

19. 有6种不同的方式拼写出V—O—O—D。对每个D，有两种不同的方式可拼写出D—O—O，所以共有12种不同的方式。

20. 残忍的5　　致命的2

堕落的8　　有害的6

贪婪的7　　强取的，掠夺成性的4

坏脾气的1　　专制的3

第 3 章

1. （1）赞成。

废除死刑运动是反对死刑的。反废者是赞成死刑的，而反废者的反对者是反对死刑的。外交大臣不得不谴责（他谴责）反对的人，因此他赞成死刑。

（1）可以继续。

这项工程是可行的，因为它有良好的基础。有些人对此表示怀疑（他们对此表示怀疑）。但是外交大臣不同意他们的意见（他对这些人有异议）。他不同意那些怀疑它的人，说明他不怀疑这项工程。因此，他认为这个项目是可以继续的。

（1）相信这药。

史密斯声称这项测试是为了确定药物是安全的，结果是阴性。这个结果不足为信（它不是决定性的）。也就是说史密斯认为这种药不安全。外交大臣认为他错了。所以他认为这种药是安全的。

2. 上面印的符号为♠⬟。每对符号首先按顺序出现，然后以反序出现（方形—圆圈/圆圈—方形）。每一对还以顺序—反序的颜色出现（黄—蓝/蓝—黄）。
3. 所选邮票为13、31和32。
4. 一方面，卢卡斯或奥伯斯坦是3人中年龄最大的；另一方面，奥伯斯坦或拉罗西埃是最年长的，所以奥伯斯坦一定是年龄最大的。然后根据第一种说法，奥伯斯坦不如卢卡斯富有，而根据第三种说法，他比拉罗西埃更富有。因此，卢卡斯是最富有的，其次是奥伯斯坦，最不富有的是拉罗西埃。在最后一个陈述中，我们看到卢卡斯的年龄比拉罗西埃大，所以奥伯斯坦的年龄是最大的，其次是卢卡斯，拉罗西埃最小。考虑到第二和第四条结论，我们看到记者不是3个人中最不富有的拉罗西埃，也不是年龄最大的奥伯斯坦。因此，记者就是卢卡斯。他比商人年轻，卢卡斯只比奥伯斯坦年轻。所以奥伯斯坦是商人，拉罗西埃是画商。

5. 如下图所示。

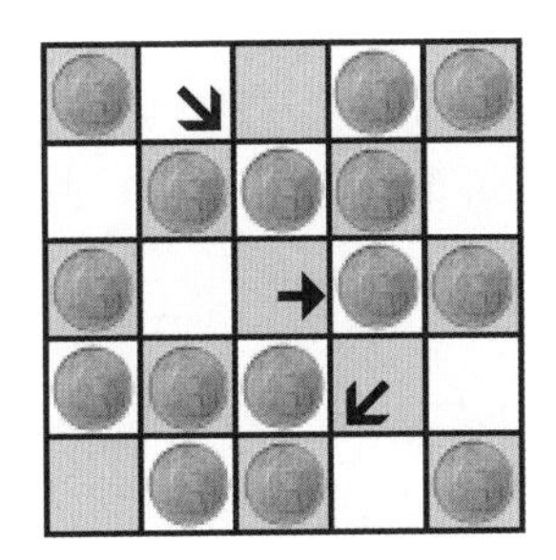

6. 小匕首，见下图。

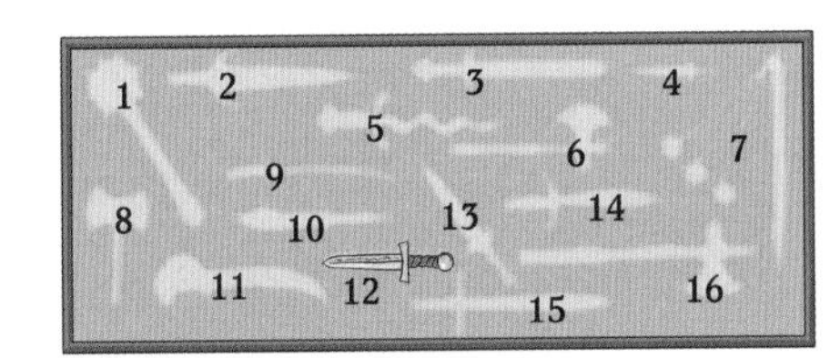

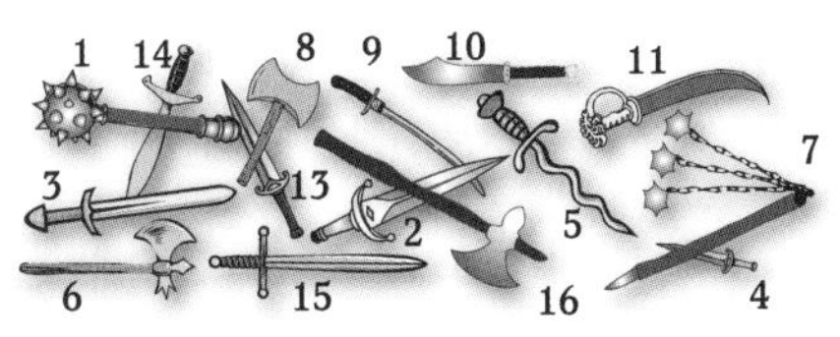

7. 除了第一句话，其他都是正确的：霍勒斯是首相的岳父，但不是希尔达夫人的叔叔。他是她叔祖父的儿子。

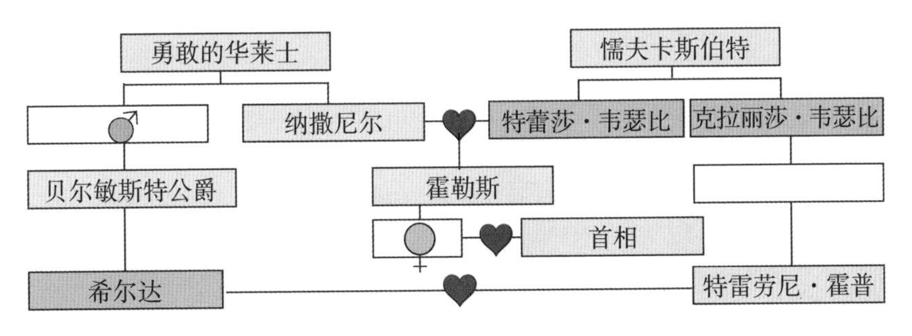

8. 哈利的位置：前面32节车厢—哈利（33号车厢）—后面16节车厢。

迪克的位置：前面12节车厢—迪克（13号车厢）—后面36节车厢。

汤姆的位置：13号车厢和33号车厢之间有19节车厢。迪克

（13号车厢）和汤姆（29号车厢）之间有15节车厢，汤姆和哈利（33号车厢）之间有3节车厢。

卢卡斯的位置：迪克（13号车厢）后面8节车厢，汤姆（29号车厢）前面6节车厢，所以卢卡斯在22号车厢。

9. 座钟和手表帮助夏洛克核实仆人说的是事实，但这对找到这个问题的答案其实可有可无。男仆在上午10点把表校准。当他进屋时，手表显示午夜过了20分钟。所以从上午10点到仆人进屋已经过去了14小时20分钟。由于手表每小时快2分钟，累计快28分多，近29分钟。所以男仆实际上是在晚上11点51分至52分到达了犯罪现场。（座钟显示的时间介于11 : 08和11 : 09之间）。

10. ① 符合，② 符合，③ 符合，④ 不符合（所有男高音都嫉妒，嫉妒的人都是骗子），⑤ 不符合，⑥ 不符合（所有的间谍都是不忠诚的）。

11. 如下图所示。

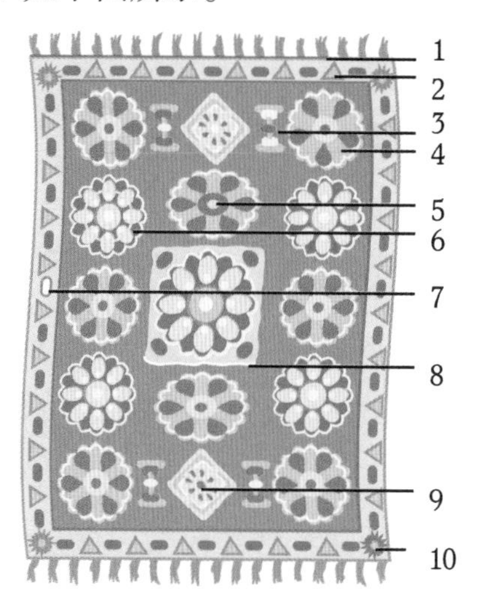

12. 数字组合密码为15463。

在第一个加法中，可以看出棕红圈不能是1，2或3。它也不可能是4，因为没有足够多的不同数字组合加起来等于4。它不能是5，因为中间两个相同的数字（绿圈）加起来只能是偶数。所以它只能是6，绿色则是3。根据第二个加法看出，黄圈必须是偶数2或4，但总和不可能是22，因此黄圈必须是4，以此类推。

三个加法为：132+534=666；12+32=44；42+13=55。

13. 1号星期四，2号星期五，3号星期二，4号星期一，5号星期三。

星期一来的女士在另外两位女士中间，不穿条纹裙，所以她是3号或4号。

星期三来的女士就在她旁边，在一侧，所以她一定是5号。故星期一来的女士是4号，星期二来的女士是3号。星期四的女士就在穿条纹连衣裙的女士旁边，所以是1号。剩下的2号女士是星期五来的。

14. Leonard。图中开头两字母分别是：EA—AL—AO—LE—ND—NO—OD。只有A和O出现3次，一次同时出现。没有A和O的字母组是LE和ND。

15. 单词为blackmail。

16. 每一个数字必须用相应的罗马数字替换：1=I, 5=V, 10=X, 50=L, 100=C, 500=D, 1 000=M。倒转的5=V的倒转，表示A。1 000的倒转=M倒转，表示W。

文本为：ALL CALM AMID MAD VILLA CLIMAX. LADI ILDA WILL CALL DAVID。

“villa climax”解读为卢卡斯案的谋杀者；“Ladi ilda”为希尔达女士。

17. 6号和9号为两把相同的钥匙。
18. 保险箱的组合密码是12618。

    你必须找到一匹马背上的数值是另一匹马背上数值的两倍，第三匹马的数值等于前两匹马的数值之和。
19. 下图中第13封信。一共有19封信。所以这封重要的信前面有12封信，后面有6封信。从贴有邮票的信开始，你来回移动12封信，直到你再次到达第一封信为止。剩下一组有7封信，其中一信封必须在移走其他信封之前取走。这一被取走的信即为那封珍贵的信。

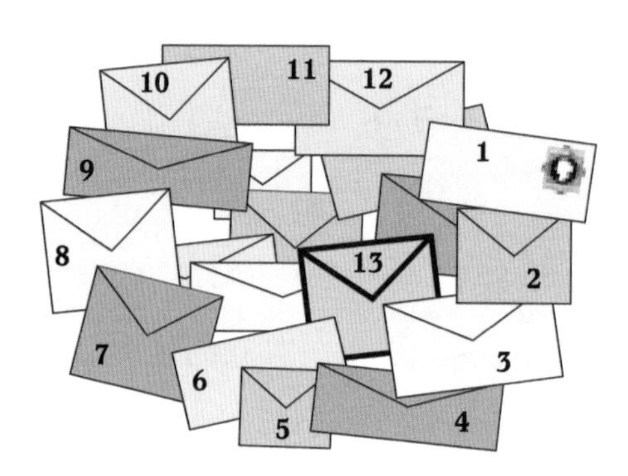

20. The letter was found because it was never lost.

第 4 章

1. 可能的答案有：（开放性问题）

   梅花2，这是唯一一张牌面数为素数的牌。（这一规则同样适用于黑桃Q，通常认为是12，唯一用图案表示牌面数。）

   不太令人满意的答案：它是唯一一个小于6的数字（是7到9之间的数字，等等，这样的答案是荒谬的）。

   黑桃6，这是唯一一张上下不对称的牌。

   方块8，这是唯一一张红色的牌，或唯一一张颜色不同的牌。

   梅花10，这是唯一一张牌面数用两位数表示的牌。

   黑桃Q，唯一一张画着宫廷人物的牌。

   你还可能找到其他理由。为了使它听起来合理，理由必须是通用的，而不是个性化的。

2. 组成的单词为resilient（复原的，恢复精神的）

   圆圈中的单词：Energy, stamina, health, sturdy, strong, feisty, robust, fitness, hearty。

3. 缺失：上面一排左起第四个蓝色台灯，右起第二个淡紫色的枝形吊灯。下面一排中间的绿色椅子，如右图。

4. 福尔摩斯正在描述（当时的）一部电话。

   文本为：这种装置最近才在美国获得专利，但我相信不久它将进入我们大多数人的家庭。它由3部分组成。一个部件放置在桌上，另一部件是一个把手。你可以手拿着它，对着一端说话，另一端则用于接听。这个装置让你可以和很远地方的人交谈。

5. 阿克顿家族有8块田地、4个谷仓、1幢房子、1个池塘和1片树林。

注：这是唯一的组合，使得每位成员都正确回答了两个问题，在第三个问题上撒谎。

可以利用排除法来推出答案。如果第一个人在房子上撒了谎，那么他在7块田和4个谷仓上回答正确，这使得第三个人在这两个问题上都是错的。这是不可能的。

如果第一个人在4个谷仓上错了，那么第二个人谷仓数的回答就错了，以及8块田的回答也错了。所以这是不可能的。

因此我们得出第一个人在田的数量上答错了。

6. 如下图所示。

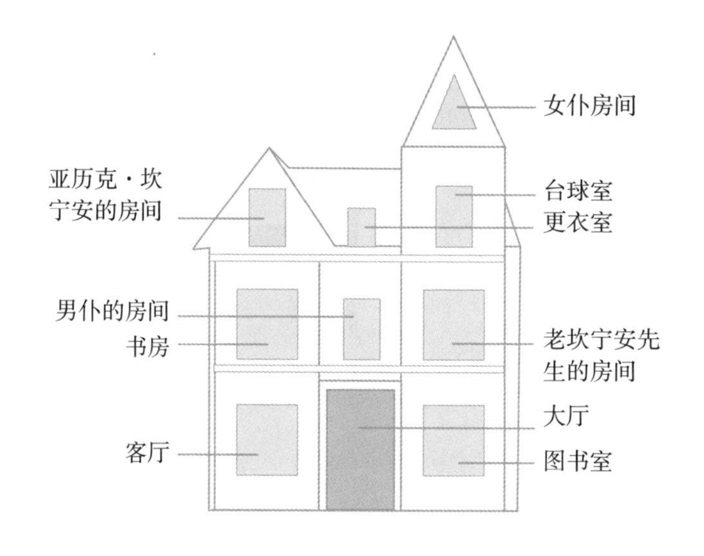

7. 仆人的名字以他职务的最后3个字母开头，姓氏从职务的前两个字母开头。PERdita HOrn是管家（HOusekeePER），ANThony MAson是随身男侍从（MAnservANT），AIDa MAson是女仆（the MAID），MANuel FOx是男仆（the FOotMAN），因此，TERry POsher一定是搬运工（the POrTER）。
8. 以字母代表该房子，下面列出了12种不同的旅行线路：
   A—B—D—G, A—B—H—I, A—B—H—K, A—C—D—I, A—C—D—G, A—C—D—K, A—F—K—I, B—C—D—H, D—G—I—H, D—G—K—H, D—H—J—L, I—J—L—K。
9. 车夫的得分是85分（蓝色10，红色18，黄色25），这也意味着亚历克·坎宁安没有获得最高分。

   图中左边第三个靶标（最上面）的得分必须是一个偶数（两个不同区域各有两个箭头），因此得分为56或78。如果是78分，那么蓝色+红色=39分，这应用于其他两个靶标上是不可能的。因此，第三个靶标得分为56，蓝色+红色=28。如果左边第二个（中间）靶标的得分是63，我们再次得到不可能的结果（63-28=35，黄色的值=35/2=17.5是不可能的，与第一个靶标不兼容）。因此，第二个靶标得分一定是78，黄色得分为50，每支射中此处的箭得分=25。左边第一个靶标的得分一定是63分（蓝色+红色=28，黄色=25），这意味着最后一个蓝色处的箭头得分为10。
10. 需要24块砖。

11. 昏厥，羸弱，眼花，颤栗、头晕。

12. 如下图所示。

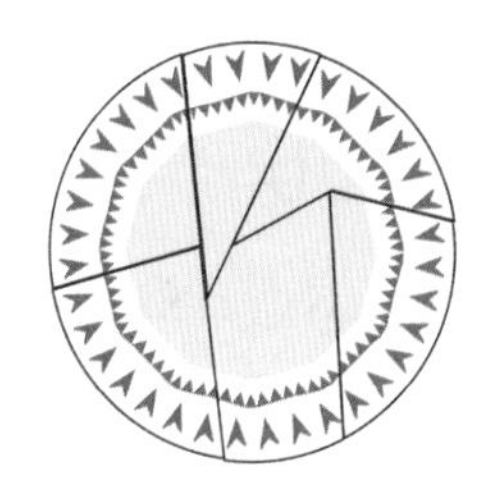

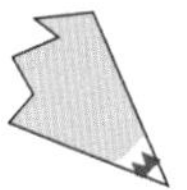

13. 如下图所示。

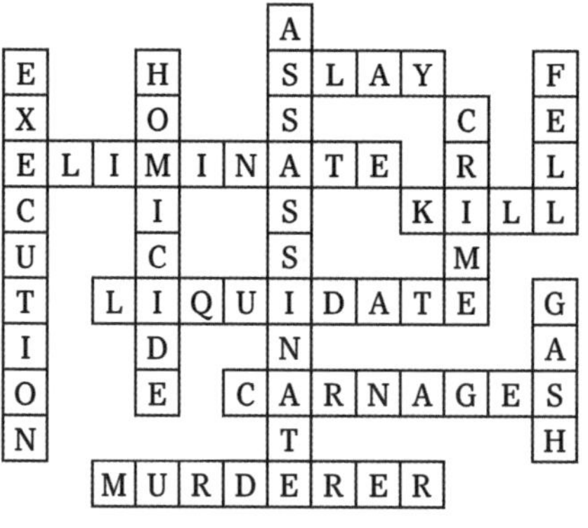

14. 如下图所示。

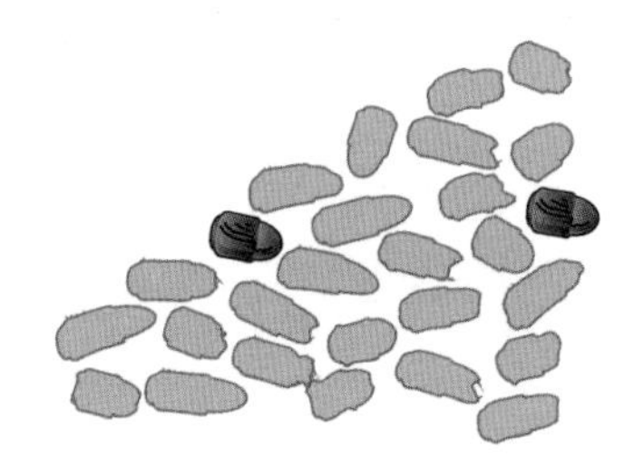

15. 如果把开关排成一行，并用O表示灯亮，用F表示灯灭。我们开始有：F O F F F O F。如果切换前面两个带下画线的开关，则得到：F F O F F O F。然后有F F F O F O F，进一步得到F F F F O O F，最终得到：F F F F F F F。

16. 总共有4种不同的结构：4、8和10的结构是唯一的，其余的结构相同。

17. 如下图所示。

18. 如下图所示。

第 5 章

1. 根据相应插槽中的筹码和背面的字母，顺着福尔摩斯的思路可得到关键词为：TRIFLE（藐视）。

注：S+1=T, P+2=R, F+3=I, B+4=F, G+5=L, Y+6=E。

2. 分析：福尔摩斯要么带了一把折刀，要么没带。如果他带了一把折刀，巴里带了把左轮手枪，那么，华生没有带匕首（带的话意味着巴里带着一根棍子来了）。所以华生一定是带着棍子来的，探长带着匕首来的。但是这里我们得出了一个矛盾的结论，因为如果探长带着匕首来的，华生应该是带着折刀来的，但是他是带着棍子来的。所以福尔摩斯没带折刀，这意味着华生带了一把匕首。如果华生带着匕首来，巴里带着棍子来，留下探长带着折刀，福尔摩斯带着左轮手枪。

3. 如下图所示。

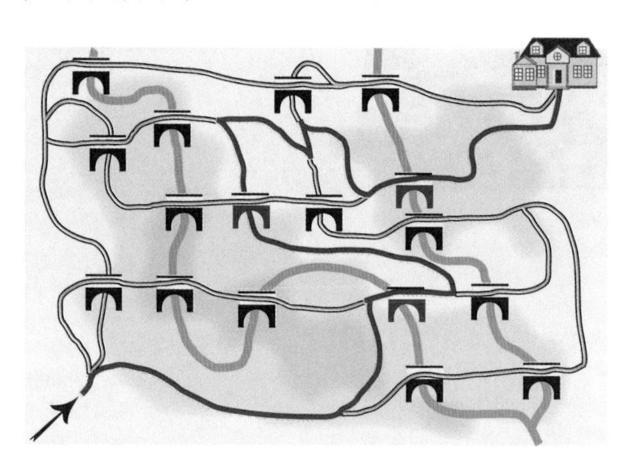

4. 车辆经过顺序：1. 双轮自行车，2. 轻型马车，3. 手推车，4. 独轮自行车，5. 重型马车。

注：格雷格森探长的说法（那辆重型马车不能是最后一个，

有轻型马车跟在它后面）与巴里的说法不符。格雷格森探长的陈述也与福尔摩斯的说法不符（格雷格森说有两种车先于轻型马车，后面就只有两种车。而福尔摩斯说有3种车跟在轻型马车后面）。因此，格雷格森探长说错了。

5. 那套餐具的价格为38英镑。肉叉：8英镑，勺子：6英镑，刀子：5英镑，普通叉子：4英镑，茶匙：3英镑。

   注：28英镑+20英镑=4个肉叉+4个普通叉=48英镑，所以肉叉+普通叉=12英镑；

   24英镑-（肉叉+普通叉）=24英镑-12英镑=2勺=12英镑，故勺子=6英镑；

   首先用20英镑-（肉叉+普通叉）=20英镑-12英镑=2普通叉=8英镑，得到普通叉=4英镑；

   再用28英镑-（肉叉+普通叉）=28英镑-12英镑=2肉叉=16英镑，故肉叉=8英镑；

   再用18英镑-肉叉=18英镑-8英镑=2刀子=10英镑，则刀子=5英镑；

   再用22英镑-肉叉-勺子-刀子=茶匙=3英镑。

6. 英国作家的书采用绿色包装，罗马作家的书采用红色包装，希腊作家的书采用黄色包装。但是有一本雪莱（英国诗人）的书采用了黄色包装。

7. 如果门牌号码是按规则的数字顺序排列的，就像在伦敦的许多道路上一样，则有4种可能的情况：

   虚线上有6个数字，则为：1+2+3+4+5+6=21，故门牌号为7。

虚线上有3个数字，则为：6+7+8=21，故门牌号为9。

虚线上有2个数字，则为：10+11=21，故门牌号为12。

虚线上有1个数字，则为：21，故门牌号为22。

如果马路两边的门牌号一边是奇数，另一边是偶数，那么虚线上的3个数字代表5+7+9=21，门牌号为11。

8. 从左到右为：巴索罗缪、撒迪斯、迈克罗夫特、奥贝迪亚、鲁本、以诺。

 注意：如果说一个人在鲁本的右边，从读者角度看他在鲁本的左边。但读者眼中的很右的确指右边。

9. 梅花9。

10. 迈克罗夫特宁愿被认为是错的，也不愿花力气证明自己是对的。

11. 詹金斯有12辆单轮车、6辆双轮车和4辆三轮车。

 注：用M代表单轮车的轮子，B代表双轮车的轮子，T代表三轮车的轮子，则有M+B=24，M+T=24，B+T=24，因此，M=B=T=12。

12. 单脚印属于ART（最下面一行左二）。因此，他的名字一定是Arthur。其他的脚印对分别为：ALBERT, ALFRED, ANDREW, ARNOLD, ERNEST, GEORGE, HAROLD, HUBERT, JOSEPH, MARTIN, THOMAS。

13. 选用3、5、2、13这4位翻译员。3号将希腊语翻译成法语，5号将法语翻译成克罗地亚语，2号将克罗地亚语翻译成意大利语，13号将意大利语翻译成英语，这样就完成了希腊语→英语的转换。

14. 如下图所示。第1条饰带可分图案相同的5部分。第2条饰带可分为5部分，每部分图案间有3个空档。第3条饰带可分为5部分，每部分都有一个红点。第4条饰带可分为5部分，每部分图形都有10条边。

①

③

15. 25 004码（或14英里364码）。

车轮周长4.7码，每分钟转56圈，因此每分钟移动56×4.7=263.2码。行程持续了95分钟，所以95×263.2=25 004码（或14英里364码）。

16. 5号。

17. 4号钟表。

注：9号钟表没有钟摆，6号钟的钟摆不是圆的，2号钟有2个吊坠，3号钟与其他钟的时间显示不一致，8号钟有支架，10号钟标注了制造商的名字。1号钟的表面有罗马数字。5号钟最高，7号钟最矮。

18. 一个名叫苏菲的希腊女孩来到英国旅游，一个名叫哈罗德的男人引诱她和他私奔。苏菲的哥哥从希腊赶过来，不小心将自己置于这个年轻男人和帮凶的威胁下。他们对他使用暴

力，为了让他签署一些文件，以骗取女孩家族的财产。苏菲的哥哥拒绝这样做。为了说服他，他们不得不找一个翻译，然后选中了梅拉斯先生。

第 6 章

1. 时钟E 9:55—时钟C 10:09—时钟A 10:34—时钟F 10:57—时钟B 11:10—时钟D 11:23。
2. 于7:53乘坐上行列车离开威斯敏斯特，于8:08到达维多利亚。然后8:27乘坐下行列车离开维多利亚，于9:25到达坎农街。又于9:27乘坐上行列车离开坎农街，于9:31到达市长官邸站。最后于9:34乘坐下行列车离开市长官邸站，于9:57到达阿尔加特。
3. 10个错误，如下图所示。

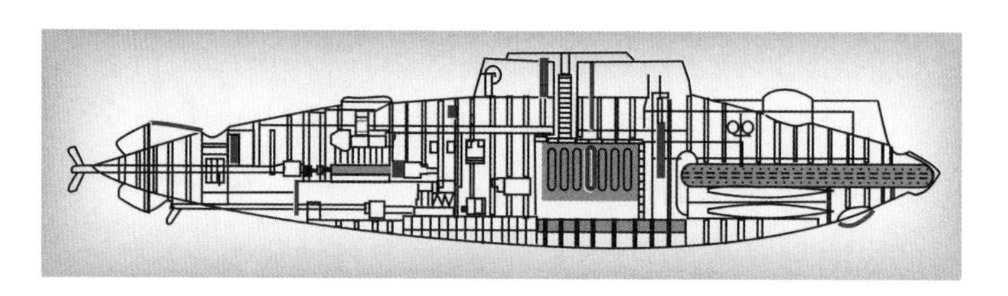

4. 左边1—4依次为：卡思利、哈蒙德、马克西莫思、约翰史蒂思。

   中间1—4依次为：拉法尔斯、哈蒙德、德贝斯、马克西莫思。

右边1—4依次为：卡思利、拉法尔斯、克雷夫特、哈蒙德。

5. 需使用他们的钥匙：2、3、5、7、8。
6. 从左至右依次为：马拉维斯塔、迈耶、奥伯斯坦、沃洛维奇、拉罗西埃。
7. 被盗文件为44、30和21号。
8. 皮带向下转动。
9. 最后一个框为E。序列为：A—F—H—B—I—D—G—C—E。
10. 当所有其他的突发事件失败时，无论剩下的东西多么不可能，也必定是事实。
11. A. 不符合逻辑。只有资深员工才能进入轨道和拥有车厢门的钥匙，但资深员工没有足够的力量来移动尸体。

    B. 不符合逻辑。没有血迹意味着尸体已经被移动或者犯罪发生在之前。但尸体不可能被移动，原因与上述相同：只有资深员工才能进入轨道，但他们没有足够的力量移动尸体。没有血迹也可能意味着犯罪发生在尸体被扔出车厢之前，但在任何车厢内都没有发现打斗的证据。

    C. 不符合逻辑。任何车厢内都没有打斗的证据。

    D. 不符合逻辑。基于上述原因。

    E. 符合逻辑。显然，必须找到另一种解释（猜猜谁会找到它？）。
12. 灯7英镑，锤子3英镑，凿子5英镑，左轮手枪18英镑。
13. DON'T OPEN，POISONED（不要打开，有毒）。
14. 左下角的立方体与众不同。观察右上角和左上角的立方体会发现，其上的蓝色百合花与绿色图案（其中包含一朵迷你百合花）是相对的。在左下角的立方体中，蓝色百合花与绿色图案是平行的。

15. Bright/Dark, Clever/Stupid, Unfaithful/Loyal, Cautious/Careless, Deceitful/Sincere。
16. 最繁忙的交会点位于右下角绿色处。

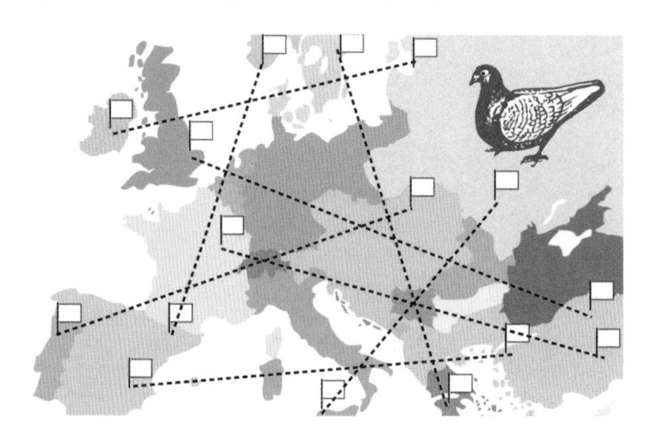

17. 如图所示，从左到右，装有毒物质的瓶子从轻到重。通过“组合”天平组，然后消除两边相同颜色的瓶子，可以依次确定所有瓶子的相对质量。

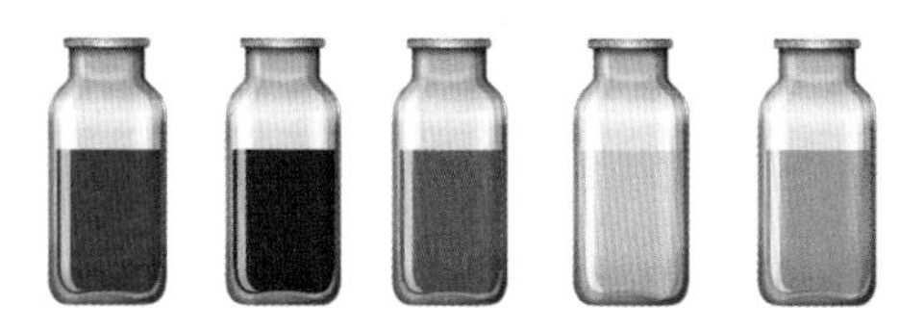

18. 从顶部镶有大椭圆形宝石的别针开始沿顺时针方向数，福尔摩斯的别针是下面的第8个别针，为一个四周包以黄金的圆形宝石。（在正方形和长方形宝石之间）

The Ultimate Sherlock Holmes Puzzle Book:
Solve Over 140 Puzzles From His Most Famous Cases
By Pierre Berloquin

First published in 2021 by Wellfleet, an imprint of The Quarto Group